LAS ARAÑAS CANTAN CUANDO TEJEN

Historia de las ciencias que estudian la evolución del hombre

FERNANDO BASURTO

Primera edición
Las arañas cantan cuando tejen
D.R. © 2022, FERNANDO BASURTO

Editado por: Fernando Basurto.

A la memoria de Magda (mi madre)

Agradezco a los fondos especiales de la Biblioteca Central Estatal de Guanajuato por haberme prestado material valiosísimo de Fray Lorenzo de la Nada.

A mi amiga Perla, con aprecio por su valiosa ayuda.

Mi más profundo agradecimiento a los científicos, investigadores y especialistas, que comparten una parte del maravilloso mundo al que tienen acceso por su trabajo y su vocación.

Sin ellos, caminaríamos ciegos con una nube de prejuicios.

Índice

BIBLIOGRAFÍA

INTRODUCCIÓN

El hombre viene al mundo con un cuerpo que desconoce, con un patrimonio de millones de años, que se transforma y se vuelve templo o cárcel.
Resulta prudente viajar por el tiempo, traspasar límites, mirar al pasado: los fósiles y las moléculas tienen la palabra.
La evolución nos abre una ventana, nos asomamos a las estrellas, veneramos a nuestros antepasados.
Buscamos símbolos en el mundo de los muertos.
La historia de los hombres y las mujeres que buscaron códices, mapas, ruinas, cenizas y despojos, es oxígeno para la conciencia.

Si el desarrollo evolutivo de los seres humanos es un tema importante a la vez que fascinante, también lo es la historia de los científicos y especialistas que se dedicaron a develar los misterios de ese pasado evolutivo.

Todo comenzó desde el primer intento sistemático para calcular la edad de nuestro planeta. Después de muchos años de intensa búsqueda, fue que se consiguió un dato con inusitada precisión. Algunos sintieron temor de divulgar sus resultados por la fuerte presión social y religiosa, situación que no se puede entender sin ubicar la época y el contexto. Hasta que apareció la Geología como ciencia, esta vino a poner orden y método.

Pero si resulta difícil aceptar la evolución humana, la situación se complica más cuando se desconoce la obra de Darwin, la controvertida y mal entendida "Teoría de la evolución de las especies". Un panorama de posibilidades se abre con el simple hecho de revisar la historia de tan espinoso y delicado asunto. Nada menos que la aparición y desarrollo de la Genética como ciencia, fue el impulso final que consolidó el trabajo del naturalista inglés.

Pero ¿cómo evolucionó el hombre? y ¿quién descubrió a los australopitecos? ¿Por qué los emparentaron directamente con los humanos? ¿Por qué nadie los conoce si son antepasados del hombre? El surgimiento de la Paleontología como ciencia sepultó muchos mitos, reveló muchas verdades y promovió el estudio científico de los humanos del pasado.

Al margen de los huesos y los fósiles, la época presente será mejor comprendida si tomamos en cuenta nuestra evolución cultural. ¿Cómo surgieron la Antropología, la Prehistoria y sobre todo la Arqueología? Estas ciencias sociales se han ocupado de sacar a la luz el pasado reciente que define una característica fundamental de cualquier persona, grupo o población: la cultura.

Fernando Basurto

Querétaro, México.
Abril de 2017.

NOTA: Para más información, se puede acceder al blog:

https://fernando-basurto.jimdofree.com

Encontraremos información de los libros y un correo, entre otros detalles.

Capítulo 1

ORIGEN DE LA GEOLOGÍA Y LA EDAD DE LA TIERRA

Si quisiéramos averiguar la edad que tiene nuestro planeta lo primero que haríamos sería recurrir a Internet: la interminable fuente de verdades y mentiras. Pero, reflexionando un poco, ¿acaso tiene edad la Tierra? Parece como si fuera eterna y no hubiera tenido una fecha de nacimiento, y mucho menos otra de defunción.

¿Se puede saber cuántos años tiene de 'vieja'? Seguramente son muchos años para algo tan grande y complejo como nuestro planeta.

El primero que se arriesgó a responder semejante dilema, fue un arzobispo irlandés del siglo 17. Su nombre era Jacobus Usserius (1581 – 1656) pero lo conocemos como James Ussher. En 1650 publicó *Anales del Antiguo Testamento deducidos del primer origen del mundo*, su obra más conocida. El arzobispo Ussher dedujo, a partir de un análisis muy meticuloso de las generaciones del Antiguo Testamento de la Biblia, y una serie de correlaciones de fechas de la historia romana y de otras civilizaciones, que nuestro planeta había sido creado a las 8 de la noche del sábado 22 de octubre del año 4004, antes de Cristo. Si esto fuera cierto, habríamos celebrado el cumpleaños 6,000 de la Tierra en octubre del año 2004.

El arzobispo Ussher también se aventuró a decir que la humanidad había sido creada el viernes 28 de octubre (casi una semana después), y que Adán y Eva habían sido arrojados del paraíso el lunes 10 de noviembre, del mismo año.

Imagen 1: James Ussher.

Es obvio que la fecha era errónea; sin embargo, en esos años todavía se consideraba a la Biblia como una fuente de conocimientos verdaderos. Además, el arzobispo realizó un trabajo sistemático y metódico para determinar su cálculo, y el 4004 a. C. para la creación de la Tierra fue tan importante que durante muchos años se conservó en las Biblias anglicanas y en otros textos que usaban la cronología bíblica, desde la época de Ussher hasta buena parte del siglo pasado.

Pero ¿qué sucedía en aquellos lejanos 4000 a.C.? Hacía mucho tiempo que el Paleolítico (la edad de piedra antigua) había cedido su lugar al Neolítico (la nueva edad de piedra). Las técnicas agrícolas se mejoraban en Egipto, Palestina y México, al tiempo que en esa lejana época comenzó el empleo de los metales: la fundición de piedras de cobre en Mesopotamia.

¿Cómo sabemos tanto? ¿Por qué Ussher y sus contemporáneos ignoraban todo esto? La Prehistoria como ciencia, nacería mucho después de la muerte del arzobispo; pero, lo que sí es seguro, es que la humanidad ya tenía bastante tiempo moviéndose en el planeta para el periodo en que calculó su origen.

En Dinamarca, un médico, conocido como Steno (Niels Stensen, 1638 – 1686), quien era naturalista y también religioso, por las mismas fechas postulaba algunos principios fundamentales de lo que algunos años después serían dos nuevas ciencias: la *Geología* y la *Paleontología*. Steno se dedicó a estudiar los fósiles y las diferentes capas de tierra que los contenían, llamadas estratos.

A partir de sus observaciones, Steno dijo algo más o menos así: en una secuencia de estratos que se encuentran superpuestos, son necesariamente más modernos los que se sitúan por encima. Es decir, si cavamos un pozo, las capas o estratos de tierra más profundas son las más antiguas.

A partir de este principio, Steno pudo determinar edades *relativas* de los estratos. No es un método muy preciso, pero por un lado permite deducir una sucesión de acontecimientos (sabemos qué fue primero y qué después), y sobre todo representa el primer método con base científica para medir escalas geológicas de tiempo.

El famoso naturalista francés, Georges Cuvier (1769 – 1832), estaba muy interesado en conocer por qué había fósiles de especies extintas, tales como los dinosaurios, en las capas más profundas de los estratos geológicos (y por lo tanto más antiguas): ¿qué había pasado con esos animales?, ¿cómo habían desaparecido?, ¿quién habría sido el responsable? Estas eran algunas de las cuestiones que intrigaban a los eruditos de su época.

El paleoantropólogo Richard Leakey (hijo de dos pilares en la historia de la evolución humana), menciona que la *Teoría del Diluvio* vino al rescate:

> Proponía que las especies extintas halladas en las capas de roca habían sido víctimas del Diluvio Universal. Pero cuando se observó que con frecuencia las rocas no contenían una sino muchas capas de diferentes criaturas extintas, se hizo evidente que una sola inundación no podía ser la responsable de su extinción (Richard Leakey, *El origen del hombre*).

Si la *Teoría del Diluvio* no servía, Georges Cuvier postuló la *Teoría de las Catástrofes*, la cual consistía en que nuestro planeta había pasado por una serie de cataclismos naturales, que habían eliminado a casi todos los seres vivos. Cuando murió el barón Georges Cuvier en 1832, siendo miembro de la Academia de las Ciencias, ya se habían calculado nada menos que veintisiete de esas "–terribles catástrofes–".

El mismo Cuvier y sus seguidores, también basados en la cronología del Antiguo Testamento de la Biblia (y en sus 'catástrofes'), calcularon la edad de la Tierra en 70 mil años de antigüedad.

Entre Cuvier y Steno hubo más intentos, más o menos científicos, para calcular la edad del planeta. El científico y filósofo inglés, Robert Hooke (1635 – 1703), quien fue el primer científico en utilizar el término "célula" (*celdilla*) al observar corcho con un microscopio recién mejorado, calculó que la edad de la Tierra, usando una tasa de sedimentación, era de varios cientos de millones de años.

El científico y escritor francés, Georges Louis Leclerc (1707 – 1788), a quien llamaban Conde de Buffón, utilizó una bola de tierra y metales que, según él, eran similares a la composición media del planeta; la calentó lo más que pudo para fundirla y midió el tiempo que tardó en enfriarse. Con su experimento buscaba deducir la edad de la Tierra extrapolando sus resultados experimentales al tamaño y temperatura actual de nuestro planeta: estimó que tenía 3 millones de años, aunque después rectificó y bajó su cálculo apenas a 75 mil años (quizá por temor a la excomunión). Por lo menos tiene el honor de haber sido el primero en intentar el cálculo con métodos científicos, mediante un experimento de laboratorio.

Pero, ¿por qué suponían que la Tierra había sido una masa de lava fundida al principio? Ya el célebre físico y matemático Pierre Simón Laplace (1749 – 1827) había explicado que, en sus orígenes, nuestro sistema solar se había formado por nubes incandescentes de gases que, al comprimirse para crear al sol y los planetas, habían elevado más su temperatura. Para esas fechas (siglo 19) no le daban al universo entero más de 6 o 7 mil años de antigüedad.

William Thomson (1824 – 1907), mejor conocido como Lord Kelvin, en 1862 calculó que la Tierra tenía cerca de 100 millones de años, basado tanto en las leyes de la transmisión del calor como en la segunda ley de la termodinámica (descubierta por él mismo). Supuso que la Tierra se había enfriado a un ritmo constante. Su cálculo provocó groseros enfrentamientos con los biólogos evolucionistas de su época, quienes no creían que la evolución hubiera sido posible con *apenas* 100 millones de años.

De cualquier forma y a pesar de tanto cálculo, no tardaron en comenzar las protestas: el paleontólogo inglés William Buckland (1784 – 1856) rechazaba que la Biblia pudiera considerarse como

14

una referencia de los fenómenos geológicos históricos. Entonces, comenzó la búsqueda.

El geólogo escocés, James Hutton (1727 – 1797), es considerado por muchos el Padre de la Geología moderna. En 1875 publicó su libro *Teoría de la Tierra*, donde explicaba el *Principio de Uniformismo*: cambios muy pequeños pueden provocar grandes cambios geográficos, si consideramos los monumentales espacios de tiempo transcurridos. En otras palabras, la superficie del planeta había sido esculpida en el pasado por las mismas fuerzas que le daban forma en el presente. Pero, ¿cuáles eran esas fuerzas?

Para entender e interpretar el pasado, dedujo este científico, tenemos que comprender el presente. Por lo tanto, Hutton se dedicó a observar y estudiar las rocas y los procesos geológicos, y concluyó que el viento, la erosión, la lluvia, el Sol, la nieve y el deshielo, eran las fuerzas que habían dado su forma característica a la superficie de la Tierra con la aparición de colinas y montañas. Rechazó la *Teoría de las Catástrofes*, aunque no descartaba que tanto las erupciones volcánicas como los terremotos y las inundaciones representaran también fuerzas considerables, pero no eran las únicas ni las más importantes.

Estos factores que modifican la Tierra actúan de manera extremadamente lenta: un cañón tarda en formarse muchos siglos por la paciente y constante erosión de un río, las rocas cambian de forma por la lluvia y el viento a través de milenios, las montañas y las colinas se forman con tanta lentitud, que parecen eternas. En la página de Internet *Portal Ciencia* nos explican:

> La gente, que estaba acostumbrada a pensar en un mundo recientemente creado, en una breve historia de seis mil años a lo sumo, recibía un terrible golpe conceptual: descubrían que su tiempo, el tiempo de sus vidas, prácticamente no contaba en la inmensidad de los tiempos geológicos.
> (www.portalciencia.net/geolohis.html).

Precisamente, para que pudiera suceder esto, el tiempo durante el que dichas fuerzas habían estado actuando sobre nuestro planeta tenía que ser, necesariamente, descomunal.

En medio de tanta confusión, sucede además que el famoso libro de Hutton (*Teoría de la Tierra*) estaba escrito en un lenguaje muy técnico, y que no era nada sencillo de leer. Tuvo que llegar al rescate su colega Charles Lyell (1797 – 1875): en 1830 publicó una obra en tres volúmenes titulada *Principios de Geología*. Basado en los escritos de Hutton, no solo explica y defiende el principio de uniformismo, sino que lo hace tan popular, que muchos consideraban que Lyell debía ser el verdadero Padre de la Geología.

Sin importar a quién le asignemos la paternidad (la Geología nunca será 'huérfana'), este par de extraordinarios científicos ingleses, además de dar formalidad al estudio de la Tierra, dejaron bien claro que tenía muchos millones de años de antigüedad. Con un tiempo tan dilatado, los biólogos evolucionistas pudieron trabajar sin presiones, ya que los seres vivos habían tenido tiempo de sobra para transformarse y evolucionar.

Fue Lyell quien motivara de manera decisiva a uno de los científicos más famosos e influyentes de todos los tiempos: Charles Darwin, para formular sin prisas su controvertida y osada *teoría de la evolución*.

Posteriormente, durante la segunda mitad del siglo 19 y durante todo el siglo 20, la Geología experimentó un gran desarrollo con la aparición de nuevas observaciones y técnicas experimentales. La teoría de las placas tectónicas y la exploración de los suelos submarinos impulsaron de tal forma a esta ciencia que terminaron el siglo estudiando rocas lunares y la superficie del planeta Marte.

Pero ¿qué pasó con la edad de la Tierra?

Si bien ya se tenía claro que era de muchos millones de años, no fue sino hasta bien entrado el siglo 20 (cuando se perfeccionaron las técnicas de datación con elementos radiactivos) que se logró estimar la edad del planeta actualmente aceptada. En 1896, Antoine Henri Becquerel (1852 – 1908) descubrió la radiactividad, fenómeno que fue satisfactoriamente explicado hasta 1902 por Ernest Rutherford (1871 – 1937).

Los elementos radiactivos, como el Uranio o el Plutonio, se descomponen espontáneamente y se transforman en otros más simples como el Plomo. Ya han sido estudiados con mucho detalle en la actualidad, así que se conoce muy bien a qué ritmo se transforman. Por lo tanto, cumpliendo ciertos requisitos, pueden ser usados para conocer la edad de rocas antiguas, midiendo la cantidad que hay de dichos elementos, pues estos se formaron en las primeras etapas de vida de nuestro planeta.

El químico norteamericano, Claire Patterson (1922 – 1995), fue uno de muchos científicos que han corroborado la edad de la Tierra usando elementos radiactivos. Rocas encontradas en Groenlandia fueron datadas en 3,800 millones de años. Pero ya desde 1953 Patterson llegó a la conclusión de que el planeta debía tener entre 4,500 y 4,800 millones de años de antigüedad.

Y la cifra sigue variando desde que James Ussher se basara en la Biblia para estimar su cálculo en el siglo 17, hasta nuestros días, usando sofisticados equipos que miden la radiactividad de diminutas rocas. Sin embargo, afortunadamente hoy podemos 'dormir tranquilos', pues la edad de la Tierra ha sido calculada con bastante precisión: 4,600 millones de años.

Imagen 2: Planeta Tierra.

Capítulo 2

DARWIN Y LA SELECCIÓN NATURAL

ANTES DE DARWIN

En ciudades de Estados Unidos existen hoy diversas agrupaciones que se autodenominan "creacionistas": la mayoría (porque no hay consenso) están en contra de las ideas evolucionistas propuestas por Darwin hace más de cien años. Algunos siguen pensando que la Tierra fue creada hace tan solo 6 mil años de acuerdo al cálculo del arzobispo Ussher, y se ufanan de tener grupos de investigación científica dedicados a demostrar el origen divino de los humanos y las demás criaturas que pueblan nuestro planeta.

La *Creation Research Society*, fundada en 1963 en Michigan, Estados Unidos, es una organización que dice tener propósitos educativos. Está formada por científicos e investigadores que trabajan con los registros bíblicos de la creación y la historia antigua.

Si en su época Darwin enfrentó a terribles opositores, en la actualidad no estamos exentos de semejantes amenazas y peligros. En 1987 la Suprema Corte de Estados Unidos decidió que la *Ciencia de la Creación* basada en la Biblia no podía considerarse una ciencia, y por lo tanto no podía ser enseñada como tal en las escuelas de ese país.

Pero, ¿por qué tanta polémica?, ¿hay evidencias científicas de la *Teoría de la Evolución*?, ¿acaso carece de fundamentos científicos la *Ciencia de la Creación* basada en la Biblia?

Todo comenzó con Aristóteles (384 – 322 a. C.), el famoso filósofo griego, discípulo de Platón. Es considerado el primer científico, así como el fundador del estudio de los seres vivos (posteriormente se llamaría Biología). *Historia de los animales*, en nueve tomos, fue su obra más importante en este campo, la cual consiste en un tratado de Zoología y de Historia natural. Entre otras cosas, Aristóteles consideraba al alma como parte de lo biológico, por ser la que permite que un organismo esté *vivo*.

Este filósofo también propuso la *Teoría de la generación espontánea*: los peces, los insectos y otros animales surgían de la naturaleza al combinarse las fuerzas capaces de dar vida a la materia inerte.

Aristóteles fue el primero en intentar una clasificación sistemática de las plantas y los animales. La forma en que organizó su sistema lo indujo a suponer que había un cambio progresivo o *evolución*; ideas tan descabelladas, desde luego, no prosperaron entre sus discípulos.

Tuvieron que pasar muchos siglos hasta que un botánico sueco, Karl von Linné (1707 – 1778), mejor conocido como *Lineo*, se ocupara nuevamente del asunto de la clasificación. Esto fue descrito en su libro *Sistema Naturae*, publicado por primera vez en 1735. Este sistema de clasificación es actualmente usado para nombrar y describir a todo lo vivo en todas las ramas de la Biología. Consiste en usar solo dos palabras en latín: género y especie.

Por lo tanto, cuando hablamos de "especie", nos referimos a las diferentes clases de seres vivos: los gatos, los pingüinos, las ardillas o los piojos son ejemplos de especies animales; y los girasoles, las rosas, el pasto o las palmeras, de especies de plantas. También hay de bacterias y hongos.

Si bien cada especie, como las lagartijas o los patos, tiene características propias de forma, hábitat y ciclo biológico, las poblaciones no están formadas por individuos iguales (esto quiere decir que en una camada de gatos los hermanos se parecen, pero no son gemelos idénticos).

Sin embargo, el sistema de Lineo habla tanto de *género* como de *especie*. Si afinamos más la puntería, en el 'mundo de los osos' podríamos reconocer diferentes tipos. Es decir, todos los osos pertenecen al mismo *género* ya que son parientes cercanos, pero cada uno pertenece a una *especie* diferente. Si usamos el sistema de Lineo con dos nombres latinos, podemos conocer el nombre científico, por ejemplo, de tres especies de osos:

TABLA 1. Tres especies de osos.

GÉNERO	ESPECIE	NOMBRE COMÚN
Ursus	*Maritumus*	Oso polar
Ursus	*Arctos*	Oso pardo
Ursus	*Americanus*	Oso negro americano

Cada género, como los felinos, los canes o los cetáceos (mamíferos marinos), tiene varias especies relacionadas, de tal forma que se pudiera pensar en un *antepasado común*, que con el tiempo *evolucionó* en las diferentes variedades que conocemos actualmente. Sin embargo, Lineo se opuso con vehemencia a cualquier idea evolucionista. Los científicos de su época consideraban a todo tipo de plantas y animales sin cambios evolutivos de ningún tipo, y por lo tanto iguales desde que habían sido creados hasta la eternidad (la influencia del arzobispo Ussher estaba aún presente).

Fue Lineo, sin embargo, quien puso nombre científico a nuestra propia especie: *Homo sapiens*, que significa "hombre sabio" (aunque algunos no lo merezcan). A pesar de sus creencias religiosas, Lineo se atrevió a clasificar al humano entre los primates, en compañía de los simios y los monos (de cualquier forma fue discreto para no levantar sospechas).

El Conde de Buffón, junto con Erasmus Darwin (1731 – 1802), entre otros, comenzaron a suponer que los seres vivos no eran fijos. Buffón incluso pensaba que las especies sufrían cambios a lo largo del tiempo por la influencia del ambiente.

Sin embargo, no hizo mucho ruido sobre sus atrevidas ideas para evitar enemistades, miradas feas y problemas serios. Por su parte, el médico Erasmus Darwin (abuelo de Charles Darwin) estaba plenamente convencido de la evolución de los seres vivos y de los mismos humanos, pero sus escritos carecían de rigor científico.

En el año en que Charles Darwin nació (1809) Jean-Baptiste Lamarck (1744 – 1829) publicó su teoría de la evolución. Lamarck primero fue militar, después escribió y publicó un libro sobre la flora de Francia, y en 1793 fue nombrado catedrático de Zoología en

París. Fue este científico quien puso nombre a la ciencia que se dedica al estudio de los seres vivos y sus ocupaciones: *Biología*.

Trabajando en la clasificación de invertebrados, que Lineo había dejado incompleta y confusa, Lamarck concluyó que era muy difícil eludir el tema: fue el primer biólogo que desarrolló una teoría coherente sobre la evolución, argumentando que las especies sufrían cambios con el paso del tiempo, conforme se adaptaban a su ambiente.

Desafortunadamente, su teoría estaba mal planteada. Él pensaba que los animales que usaban en exceso ciertas partes de su cuerpo, se desarrollaban conforme al uso, mientras que las partes que no eran usadas terminaban por atrofiarse. Lamarck también estaba convencido de que los organismos vivos podían desarrollar nuevos órganos o cambiar la forma de algunos dependiendo del uso o desuso. Su teoría comprende lo que se conoce como "herencia de caracteres adquiridos".

Lamarck mismo usó como ejemplo a un animal popular en su época: la jirafa. Acostumbrada a comer hojas de los árboles, la jirafa primitiva y pequeña estiraba su cuello con fuerza para alcanzar la mayor cantidad de hojas posibles. El proceso implicaba que no solo el cuello, sino también la lengua y las patas se alargaban un poco más de lo normal: este "alargamiento" se trasmitía a sus crías (herencia de caracteres adquiridos), quienes repetirían el proceso y, a lo largo de varias generaciones, tendríamos a la jirafa actual, con un cuello enorme, patas largas y lengua elástica.

A pesar de que tenía lógica, la idea es tan absurda como suponer que si un hombre pierde la vista por un accidente tendría hijos ciegos (herencia de caracteres adquiridos), o que los retoños de un fisicoculturista nacerían musculosos (lo mismo). Sin embargo, la herencia de caracteres adquiridos fue una teoría coherente.

El maestro Pascal Picq, en su libro *Darwin y la evolución*, nos explica que fue el biólogo August Weismann (1834 – 1914) quien solucionó la cuestión cortando las colas a ratones de ambos sexos, dejándolos reproducirse entre ellos: los ratoncitos 'bebés', obviamente, tenían cola pues el carácter adquirido "cola cortada" no había sido transmitido a la siguiente generación.

Esta teoría sobre la evolución feneció, no porque estuviera mal planteada, sino porque George Cuvier la criticó ferozmente. A pesar de que el prestigioso anatomista Cuvier fuera uno de los primeros científicos en estudiar fósiles de animales extintos (fue

22

uno de los fundadores de la Paleontología), rechazó la idea de cualquier forma de evolución: las especies eran fijas y no cambiaban bajo ninguna circunstancia *ni en miles de años*.

Finalmente, llegaron Charles Lyell y James Hutton, quienes sentaron las bases de la moderna ciencia de la Geología, y sin darse cuenta apoyaron a Darwin en el desarrollo de su famosa y muy controvertida teoría: la evolución de las especies por selección natural.

VIAJE EN EL BEAGLE

Charles Darwin (1809 – 1882) nació en una comunidad rural de Inglaterra llamada Shrewsbury, en el hogar de una familia acomodada. Al igual que su abuelo Erasmus, su padre Robert también era médico: el joven Charles inició la misma carrera *por tradición familiar*. En cierta ocasión, Darwin tuvo la suerte de entrar a la cirugía –sin anestesia– de un niño (la anestesia comenzó a usarse varios años después).

La fuerte impresión que le produjo el sufrimiento de aquel infante, que casi lo manda a visitar el suelo por la vía del desmayo, fue suficiente para convencerlo de que lo mejor era cambiar de profesión. Motivado por la bondadosa influencia de su familia, pensó que podía dedicarse a los asuntos de la Iglesia: se matriculó para ser sacerdote.

Pero de nuevo encontró dificultades. Las clases de Teología que estudiaba en la prestigiosa universidad de Cambridge le parecían tan aburridas, que prefería dedicarse a asuntos más interesantes con sus amistades: paseos por el campo, juegos de cartas, cacería, etc.

Leyendo al naturalista alemán Alexander Humboldt (1769 – 1859), durante su estancia en Cambridge, Darwin se aficionó con pasión por la ciencia y la historia natural (aun así, él no creía en las ideas evolucionistas del viejo Lamarck ni de su abuelo Erasmus). En cuanto a Humboldt, se sabe que viajó por Sudamérica investigando la flora, la Geología y la geografía de varios países, y en 1803 llegó a México donde hizo importantes aportaciones en colaboración con científicos mexicanos de la época.

Después de leer a Humboldt, y gracias al apoyo del profesor John Henslow, Darwin fue invitado para acompañar a un capitán de un buque de guerra de nombre H. M. S. Beagle, el cual estaba

23

a punto de iniciar un viaje científico y de elaboración de mapas de ciertas regiones de interés para la marina británica.

Imagen 3: Charles Darwin.

Obviamente, el padre de Darwin se opuso al viaje, debido a que ya contaban con un futuro ministro de la Iglesia en la familia. Afortunadamente para el destino del joven Darwin (*y de la ciencia*), su tío Josiah Wedgegood convenció a su padre, quien accedió y además cubrió los gastos de su hijo. Darwin apenas contaba con 22 años y estaba recién graduado en Teología. La oferta de viajar en el Beagle lo rescató de un humilde futuro como pastor rural; sin embargo, con el tiempo tendría que librarse de algunos dogmas sobre la creación de la naturaleza.

Bajo las órdenes del capitán Robert Fitzroy (1805 – 1865), el Beagle levó anclas y zarpó mar adentro en diciembre de 1831. Darwin estaba tan interesado en la Biología como en la Geología, por lo que durante el viaje recolectó una gran colección de objetos: rocas, minerales, fósiles, pájaros, roedores, plantas y raíces, moluscos y conchas marinas, entre muchos otros. Sus observaciones y análisis eran minuciosamente descritos en sus cuadernos de notas.

Siempre que podía descendía del barco para explorar tierra firme, y tuvo la oportunidad de comprobar las ideas de Lyell y Hutton sobre la teoría del *uniformismo*: el paisaje natural se transforma por fuerzas de acción lenta (la erosión, el viento y la lluvia, por ejemplo) y no por rápidas y repentinas catástrofes.

En Brasil, Darwin describió paisajes hermosísimos, bosques cerrados con árboles muy altos y notables, días calurosos, grandes y brillantes mariposas que volaban en perezosas ondulaciones, y pequeños poblados formados por una casa central con cabañas para las personas de raza negra alrededor. En Río de Janeiro pasó mucho tiempo observando luciérnagas y otros insectos luminosos. Describió su estancia en la bahía de Botofogo, cerca de Río, como "deliciosa, en un país tan espléndido". Sin embargo, sintió mucha pena por las terribles condiciones de los nativos mantenidos como esclavos, pues dicha práctica todavía era legal.

El 5 de julio de 1832, Darwin viajó por tierra rumbo a la Argentina acompañado por otros miembros de la tripulación. Recorrieron extensas zonas, tanto de las Pampas como de la Patagonia. Recolectó y envió numerosos fósiles a Inglaterra, tal como el Megatherium (un perezoso gigante), que después analizaría y clasificaría allá con la ayuda del profesor Richard Owen.

Darwin también realizó detallados estudios de animales vivos, por ejemplo dos aves de una especie parecida al avestruz, cuyo nombre es ñandú y son nativas de Sudamérica, además de tres armadillos, un peculiar y muy extraño sapo, así como culebras y más aves.

Él mencionó que, mientras esperaba al Beagle en Bahía Blanca (al sur de Buenos Aires), la localidad estuvo en constante alarma por los violentos enfrentamientos entre las tropas del futuro gobernador de Buenos Aires, el General Juan Manuel de Rosas (1793 – 1877), y los indios salvajes.

Buena parte de los soldados del General también eran indios, pero Darwin aclaró en sus notas que "son indios mansos". Aun así, los describe como bárbaros y salvajes, pues por la noche unos bebían hasta embriagarse, y otros, para la cena, ingerían sangre fresca de las reses sacrificadas, y dejaban todo sucio y revuelto.

La crueldad con la que los españoles asesinaban a los indios era, en opinión de Darwin, inhumana: acuchillaban a todos los varones, asesinaban a sangre fría a todas las mujeres que parecían tener más de veinte años y los niños eran vendidos o donados como sirvientes. Sin poder dar crédito a sus observaciones, se preguntaba: "¿Quién hubiera creído que tales atrocidades podían cometerse en estos tiempos en un país cristiano civilizado?"

Viajando por el norte de Buenos Aires relató los terribles efectos causados por una gran sequía ocurrida entre los años 1827 y 1832: muchos animales habían quedado sepultados, los arroyos se habían secado y el país entero parecía un polvoriento camino carretero; tan solo en la provincia de Buenos Aires se habían perdido un millón de cabezas de ganado.

Cuando se disponía a regresar al Beagle, Darwin enfrentó serias dificultades y se quedó atrapado sin poder llegar a la costa, por haber estallado una violenta revolución. En 1830, Argentina apenas había terminado una guerra civil, y el país seguía muy inestable con levantamientos armados. Finalmente, Darwin alcanzó el barco, y el capitán ordenó salir rumbo al sur.

El 17 de noviembre de 1832, después de recorrer la Patagonia y las islas Malvinas, la tripulación llegó por primera vez a Tierra del Fuego, en el extremo sur del continente. Durante su estancia en esa inhóspita zona, describió frecuentemente el mal tiempo: las islas y las montañas apenas eran visibles entre las nubes.

Sin embargo, lo más extraño e interesante fueron las descripciones hechas sobre los habitantes de ese salvaje país, como calificaba Darwin a la tierra de los fueguinos. La zona por la que entraron era conocida como la Bahía del Buen Suceso, rodeada por montañas bajas y cubierta por un bosque denso y sombrío: "Una mera ojeada al paisaje bastó para hacerme percibir cuán enteramente distinto era aquello de todo cuanto había visto hasta entonces".

Cuando oscurecía, podían apreciar las fogatas de los nativos y escuchar sus gritos salvajes: "Empezaron a brillar hogueras en una infinidad de puntos". Por esa razón, Magallanes bautizó aquella región como "Tierra del Fuego". Seguramente esto ha de haber impresionado mucho a Darwin, pues describió a los nativos como primitivos que apenas tenían canoas y la capacidad para encender fogatas.

Los primeros fueguinos que contactaron, hablaban y gesticulaban con gran rapidez. El jefe era viejo y venía acompañado de tres jóvenes fuertes que medían1.8 metros de altura, apenas vestidos con una manta hecha de piel de guanaco (mamífero parecido a la llama). Una cinta con plumas blancas en la cabeza del viejo sujetaba sus negros y enmarañados cabellos, y su cara estaba pintada con una banda roja y otra blanca. Su piel, según la describe, era de un sucio color cobrizo.

Para Darwin, los nativos vivían peor que animales, muy lejos del hombre civilizado. Incluso su lenguaje era apenas articulado, similar al carraspeo y con sonidos broncos, guturales y crepitantes. La expresión en su rostro era recelosa, sorprendida e inquieta. Después de que les regalaron unos trozos de tela, se las ataron al cuello y se hicieron amigos. Los nativos imitaban todo lo que hacían los extranjeros: tosían, bostezaban o estornudaban, incluso podían repetir largas frases en inglés, desde luego sin comprender una palabra.

Años antes, en un viaje previo, el capitán Fitzroy retuvo a dos nativos y a un niño llevándolos a Inglaterra para que recibieran educación. Sin embargo, en ese momento tenía la intención de devolverlos a sus aldeas originales. En Inglaterra los tres indígenas habían adoptado las costumbres, la lengua y la religión anglicana, por lo que Darwin estaba profundamente impresionado con las enormes diferencias entre los tres fueguinos que llevaban a bordo y las tribus nativas donde pensaban devolverlos: "cuesta creer que sean seres humanos y habitantes del mismo mundo".

Antes de abandonar Tierra del Fuego, Darwin y el capitán observaron con decepción y nostalgia, cómo los tres nativos volvían a sus costumbres originales.

El 21 de diciembre de 1832, un viento tempestuoso los recibió en Cabo de Hornos, el lugar indicado para cruzar del Atlántico al Pacífico, con grandes masas de nubes negras que descargaban con violencia extrema lluvia y viento sobre el barco. El capitán se vio obligado a refugiarse en una bahía llamada Wigwam, donde el barco pudo anclar con cierta tranquilidad. En ese lugar los fueguinos construían refugios temporales, pues aprovechaban la tranquilidad del agua para alimentarse de mariscos.

Mientras esperaban a que pasara el temporal, Darwin observó a un grupo de fueguinos en una canoa, unos hombres y una mujer, completamente desnudos a pesar del frío y la lluvia, y según pudo apreciar, así dormían sobre la tierra húmeda. Para alimentarse, las mujeres buceaban buscando erizos de mar o desde sus canoas sacaban pececillos. Matar una foca o descubrir el cadáver de una ballena era celebrado como un gran acontecimiento.

Darwin menciona crónicas de otros viajeros, quienes habían sido testigos del hambre padecida por los fueguinos, a tal grado que en conflictos entre tribus se habían visto casos de canibalismo.

El 11 de enero de 1833, otro violento temporal provocó que permanecieran veinte días perdidos sin saber dónde estaban. Después de vencer semejante tormenta, visitaron otras comunidades de nativos, y para los últimos días de enero, se acercaron a una zona con magníficos glaciares.

En cierta ocasión mientras comían, admiraban un acantilado de hielo con un bellísimo azul berilio enmarcado por el blanco de la nieve, cuando una pesada mole de hielo se precipitó hacia el mar con tremendo estruendo. La enorme ola obligó a todos a correr para ponerse a salvo; con la excepción de un marinero que fue volteado y sacudido, libraron bien la inusual y peligrosa experiencia.

En marzo de 1834, el Beagle enfiló hacia el norte por la costa chilena, dejando atrás la enigmática y turbulenta Tierra del Fuego. El sur de Chile les permitió observar algunos volcanes activos, entre otros, uno llamado Osorno.

Continuaron con el viaje, y el 20 de marzo de 1835, Darwin experimentó otra terrible experiencia que nunca hubiera vivido en su natal y pacífica Inglaterra: un terremoto. En palabras de los habitantes de la zona, se estimaba que había sido "la peor sacudida en la memoria de Chile". Darwin fue testigo de la destrucción provocada no solo por el violento movimiento de la tierra, sino también por la enorme ola destructiva que posteriormente acompañó al sismo.

Después de tantas vicisitudes, aventuras, desencuentros y peligros, el 15 de septiembre de 1835 Darwin llegó a las famosas islas Galápagos, archipiélago de origen volcánico compuesto por 19 islas, a casi mil kilómetros de las costas de Ecuador en el Océano Pacífico.

La riqueza de especies vegetales y animales de esas islas era incalculable, por lo que Darwin encontró suficientes motivos para observar y analizar. Sobre las famosas aves, actualmente conocidas como *pinzones de Darwin*, apenas hizo alguna breve descripción de la forma del pico en su cuaderno de notas. Sin embargo, recolectó ejemplares que envió a Inglaterra y que posteriormente serían útiles para el desarrollo de su teoría.

En lugar ocuparse de los pinzones, Darwin describió otras especies como búhos y palomas, y comparó las pequeñas diferencias anatómicas que tienen los ejemplares de las islas con las aves ecuatorianas (era un observador extraordinario y muy experimentado). No había ranas, pero observó ratones y, desde luego, elaboró una extensa reseña de las enormes tortugas Galápagos que pesaban hasta 700 kilos: le llamó la atención cómo tomaban agua y cómo se alimentaban de cactus, y el que fueran consumidas por los nativos.

Le pareció interesante observar a los lagartos de las islas (similares a las iguanas), que medían más de un metro de largo. Una de las dos especies, en opinión de Darwin, eran los únicos que vivían de plantas marinas. Capturó diferentes peces, recolectó conchas terrestres y opinó que era curioso que hubiera pocos insectos.

Luego de las Galápagos, el Beagle cruzó el Océano Pacífico, haciendo escala en Tahití. Darwin encontró a los nativos muy limpios y civilizados. Viajó con ellos por el interior de la isla y probó tanto de su hospitalidad como de sus deliciosas comidas: paquetitos de carne, pescado y bananas maduras envueltos en hojas verdes, cocinados con piedras recién calentadas al fuego, asados en poco más de un cuarto de hora y acompañados con agua fresca de río. Así describe Darwin el servicio rústico de comida saboreado con excelente apetito. En Nueva Zelanda, se refiere a los nativos como "sucios y belicosos". Todavía pasaron por Australia y la isla Mauricio, para desembarcar en Inglaterra el 2 de octubre de 1836.

A su llegada a Londres, Darwin logró identificar hasta 13 especies de pinzones: estaba impresionado al descubrir que las aves eran ligeramente diferentes de una isla a otra. Resultaba muy difícil creer que hubieran sido creadas en un acto divino, y distribuidas específicamente en ese archipiélago del Pacífico, trece diferentes pinzones que al parecer no existían en otra parte del mundo (hay una sola especie de pinzón en Sudamérica y 13 en las islas, pero todos son primos cercanos).

Se alimentaban de semillas, otros de flores y algunos de cactus o insectos, según sus observaciones. Cada especie de pinzón tenía pico y tamaño ligeramente diferentes, de tal forma que todos tenían características particulares, pero seguían siendo pinzones.

¿Cómo podía haber sucedido esto? Darwin pensó que era lógico suponer que todas las especies de pinzones pudieran haber tenido un antepasado común, que debía haber llegado a las islas en una época remota. Sus descendientes, con el paso de muchos años, evolucionaron en las diferentes formas que identificó en su viaje. Sonaba coherente pero, ¿cómo evolucionó aquel antepasado en 13 especies diferentes?

De acuerdo con Lamarck, los animales se esforzaban por cambiar, y estos pequeños cambios eran heredados a los hijos, quienes a su vez continuaban el mismo proceso; con el paso de varias generaciones, la acumulación de pequeños cambios implicaba la transformación en una especie diferente. Sin embargo, tal argumentación no tenía lógica para Darwin.

Cuando volvió a Inglaterra, cinco años después del inicio de su viaje, se encontraba enfrascado intentando resolver semejante misterio, y todavía con serias dudas sobre la evolución de las especies.

UNA TEORÍA EN PROCESO

Lo primero que hizo fue organizar sus cuadernos de notas y publicarlos como un diario: *Viaje de un naturalista a bordo del Beagle*, que fue todo un éxito en 1839 (libro que impresionó, por cierto, a Humboldt). En ese año, Darwin se casó con su prima Emma Wedgood (1808 – 1896) y se relacionó con los científicos de su época, entre ellos el famoso geólogo Charles Lyell.

De acuerdo con testimonios del mismo Darwin, entre dos y tres años después de su regreso (no se sabe con certeza), y tras muchas horas analizando tanto sus apuntes como las plantas y los animales que había recolectado, terminó por quedar plenamente convencido de la evolución de las especies; durante todo ese tiempo lo habían torturado tenebrosos dilemas. Pero todavía faltaba explicar el mecanismo de la evolución: las ideas de Lamarck eran insuficientes.

En cierta ocasión leyó un libro titulado *Ensayo sobre la población*, del economista inglés Thomas Malthus (1766 – 1834), el cual sería fundamental para detallar los mecanismos de su teoría evolutiva. De acuerdo con Malthus, la población humana aumentaba más rápido que la producción de alimentos: cada 25 años se duplicaba el número de personas en el planeta. Por lo tanto, el exceso de población era necesariamente reducido a través de algún mecanismo: hambrunas, epidemias o guerras, hasta que se alcanzara de nuevo el equilibrio.

Darwin pensó que tenía que suceder lo mismo con todas las poblaciones de seres vivos. Los primeros pinzones, por ejemplo, que habían colonizado de alguna forma las islas Galápagos (quizá empujados por una tormenta) encontraron una tierra con abundancia de todo, lo que provocó que se reprodujeran rápidamente, cientos y quizá miles de pinzones, hasta que comenzó la escasez de las semillas que les servían de alimento.

La mayoría tenían que haber muerto, los más débiles obviamente, o los menos hábiles para localizar las insuficientes semillas, pero ¿qué pasaba si algún pinzón podía comer semillas más grandes, o más ásperas, o todavía mejor: alimentarse de insectos?

Los que no podían *adaptarse* al cambio, definitivamente morían de hambre. Algunos lograban encontrar un alimento alternativo y eso les permitía sobrevivir y reproducirse; por lo tanto, sus crías nacían con esta nueva adaptación alimentaria, la cual representaba apenas el primer paso en un proceso evolutivo. Pero, a diferencia de Lamarck, quien creía que los animales se "*esforzaban*" por cambiar y heredaban esos cambios a sus vástagos, Darwin estaba convencido de que la fuerza responsable del proceso era otra.

Después de muchos años meditando sobre el asunto, Darwin respaldó su teoría en dos principios básicos: la variación y la selección natural. Primero que nada, pone su atención en la crianza de animales y plantas. Los ganaderos, por ejemplo, pueden modificar sus rebaños y pueden crear razas útiles. En su libro nos explica:

> La clave es el poder que tiene el hombre de selección acumulativa: la naturaleza le da variaciones sucesivas; el hombre las aumenta en ciertas direcciones útiles para él (Darwin, *El origen de las especies*).

Si un ganadero tiene muchas cabezas de ganado, es obvio que los toros más grandes y más fuertes son seleccionados para la crianza (apareamiento selectivo), así la mayoría de los terneros en la siguiente generación nacerán con esas características que el ganadero desea (nadie hará cría con sus peores ejemplares, argumenta Darwin).

Pero ¿por qué hay toros más grandes y más fuertes, por qué no son todos iguales? Esto se debe a que la naturaleza da esas variaciones y todos los seres vivos varían. En la industria, todos los productos que salen de una fábrica son *idénticos*, pero entre los seres vivos, todos los hijos de una pareja son *diferentes* (hay excepciones a esta regla en las bacterias, aunque también sufren cambios).

Los criadores de cerdos seleccionan a los más gordos para reproducirse, los de gallos seleccionan a los que mejor pelean, y los de caballos seleccionan a los más veloces. Normalmente, los hijos heredan las variaciones: más gordo, mejor peleador, más rápido.

Imagen 4: Zorros.

Es significativo destacar que si un animal es más gordo porque recibió alimento en exceso, no podrá heredar su *gordura* a su descendencia; entonces caemos en las ideas de Lamarck (herencia de caracteres adquiridos). Darwin sabía que los criadores de animales solo podían desarrollar nuevas razas a partir de variaciones que aparecían espontáneamente en su ganado. Darwin explica que es importante la experiencia y la observación, ya que normalmente las variaciones son pequeñas.

Por ejemplo, un ganadero tiene muchas ovejas, y resulta que descubre una con dos ventajas: un poco más de lana y patas poco más cortas (no salta el corral). De los hijos de esta oveja no todos nacerán con dichas ventajas, pues también hay variación: algunos nacerán con patas cortas y más lana y algunos nacerán *normales*.

El ganadero descartará a los *normales* y separará a los que han vuelto a nacer con patas poco más cortas y un poco más de lana, los cuales se volverán a cruzar para repetir el proceso e ir produciendo poco a poco más ovejas con las características deseadas, hasta que con el paso de los años, el ganadero tiene una raza nueva: ovejas con patas definitivamente cortas que no brincan el corral y mucha lana. Sucede lo mismo con los agricultores:

> Pero no cabe duda de que la frutilla siempre ha variado desde que fue cultivada, con la diferencia de que las variaciones mínimas habían pasado inadvertidas. Tan pronto como los horticultores eligieron ejemplares ligeramente más grandes, más precoces o mejores, y plantaron sus semillas, de las que nuevamente eligieron los mejores productos (…), fueron cultivadas esas numerosas y agradables variedades de frutillas que aparecieron

durante el último medio siglo (Darwin, *El origen de las especies*).

Darwin explica que la pera silvestre era muy pequeña y más simple: con la variación, la selección y el transcurso del tiempo, tenemos las peras actuales (grandes y jugosas).

Estos son ejemplos de evolución, no por "selección natural", sino por *selección artificial*. En el transcurso de unas pocas generaciones, Darwin describe cómo se han creado razas nuevas de ovejas, de perros o de caballos, que alcanzan elevados precios en el mercado por su *pedigrí*.

El profesor Hilton Briggs, en su libro sobre animales domésticos, nos cuenta la historia de las ovejas de la raza *Shropshire*, originarias del condado con el mismo nombre de Inglaterra. Esta se creó mediante la fusión de varias razas de ganado ovino. El proceso de cruzamiento fue seguido por una selección cuidadosa de los caracteres deseados, y después de muchos años la raza comenzó a tomar forma.

Imagen 5: Agricultura.

Las características principales de la Shropshire es que carece de lana alrededor de los ojos, su cara es de color castaño oscuro o negro apagado, es un productor de carne (los machos llegan a pesar hasta 100 kilos), son de alzada baja (patas cortas) y gozan de una reputación excelente como productoras de lana. El profesor Briggs también explica que la selección practicada durante generaciones suele fijar ciertas características que posteriormente se transmiten a las generaciones sucesivas.

El libro *Larousse del caballo* presenta la familia de ponis conocida como Falabella, de un ganadero llamado Julio Falabella, quien produjo esta raza de caballos enanos. En su rancho, cerca de Buenos Aires, Don Julio vio nacer un día a un purasangre de talla bastante modesta; decidió cruzarlo con ponis hembras de la

33

raza Shetland, y después de un tiempo logró fijar la raza de compañía que ahora lleva su nombre. Este poni pigmeo mide entre 70 y 77 centímetros.

Por lo tanto, los animales domésticos sufren transformaciones, evolucionan por la mano del hombre (*selección artificial*): pueden cambiar *en unas pocas decenas de años*. Las razas, si no se mezclan, con el paso del tiempo terminarían por transformarse en especies diferentes. Sucede lo mismo con el lobo, que originalmente era salvaje; ahora ha derivado en una especie diferente (el perro doméstico) con una enorme cantidad de variantes.

Pero, ¿qué pasa en la naturaleza? ¿También hay variaciones? Desde luego que no existe la selección artificial; ¿hay algo que se pueda llamar *selección natural* que provoque cambios evolutivos en los animales?

Si recordamos, Lamarck afirmaba que la jirafa se *esforzaba* por alcanzar las hojas más altas de los árboles, que el "esfuerzo" producía cuellos y patas prolongados, y que sus hijos heredarían estos cambios: herencia de caracteres adquiridos (*por esfuerzo*).

La jirafa no fue siempre alta. Darwin explica que la pequeña jirafa primitiva, como todos los seres vivos, presentaba variaciones. Unas tenían que haber sido ligeramente más bajas que el promedio y otras ligeramente más altas, las cuales podían comer de la parte más alta de los árboles (con Darwin, los ejemplares son pasivos: tienen la modificación o no la tienen). Durante la época de escasez, aunque solo alcanzaran unos pocos centímetros más que las otras, las de mayor estatura tendrían más posibilidades de sobrevivir, ya que todos los miembros del grupo estarían buscando el mismo tipo de alimento.

Estos ejemplares, ligeramente más altos y que sobreviven a las crisis de cuando el alimento escasea, se aparearán entre sí y dejarán descendientes cuya mayoría heredará esa variación, mientras otros miembros del grupo menos favorecidos en estatura están más expuestos a morir. Darwin llamó a este proceso *selección natural*; además, aclaró: el medio ambiente no crea la variabilidad, solo selecciona.

En este caso, no fue un ganadero el que seleccionó a las jirafas un poco más altas para vivir y reproducirse, fue la escasez de alimento. El motor que activa la selección natural es la presión que ejerce el medio ambiente sobre los seres vivos, y que se manifiesta de muchas maneras: escasez de alimento, cambios en el clima, aparición de nuevas enfermedades o la repentina llegada de carnívoros hambrientos. Por lo tanto, la selección natural favorece algunas características en detrimento de otras.

De esta manera, en la naturaleza también hay variación: el color de la piel, el peso y la longitud del cuerpo, son tres características en las que siempre hay variaciones en una población grande, ya sean pingüinos, lobos, ratas o ballenas. Los hijos se parecen a sus padres y se parecen entre ellos –pero nunca son iguales–.

Además de los cambios físicos (tamaño, color, forma) también ocurren otros que no se pueden observar a simple vista: variación en el comportamiento o movimientos musculares (corre más rápido, salta más alto, puede buscar alimento por la noche), o variación bioquímica (es capaz de digerir otros alimentos, es resistente a ciertas enfermedades).

Que un cambio pueda considerarse como 'bueno', depende de dos factores: la competencia y la presión del ambiente. En la naturaleza, las condiciones son muy difíciles y todos los organismos tienen que competir para lograr un desarrollo completo: sobrevivir durante la tierna infancia, crecer, madurar y reproducirse. Primero compiten con los de su misma especie, luego compiten con especies afines tanto por el alimento, como por el refugio, el agua, etc.

Esos pequeños cambios se van acumulando, y al cabo de muchos cientos o miles de años se crean especies diferentes: la evolución por selección natural está en marcha. Por otro lado, sin variación y sin presiones del entorno, no hay evolución por selección natural.

El biólogo Stephen Jay Gould (1941 – 2002) lo resume de la siguiente manera. Los organismos tienen que competir con los de la misma especie y con los de especies afines, sobre todo en épocas difíciles cuando hay escasez de alimentos, cuando cambia el clima o cuando aparecen nuevos depredadores. Los supervivientes serán aquellos cuyas variaciones los adapten mejor a un entorno local cambiante. Dado que pasan esas variaciones a su descendencia, la población cambia, y eso es la evolución por selección natural.

Las presiones en el entorno no necesitaban explicación, pues los cambios en el clima no responden a fenómenos biológicos sino meteorológicos; pero la variación sí es un fenómeno biológico que sin duda alguna le quitó el sueño al pobre Darwin, pues fue incapaz de explicar cómo funciona, por qué ocurre y cómo se hereda. Los científicos tuvieron que esperar hasta el siglo 20 para conocer, de la mano de la Genética, todos los detalles sobre la variación y la herencia en los seres vivos.

De cualquier forma, Darwin fue muy cuidadoso pues pasó muchos años recogiendo evidencias que respaldaran su teoría. Entre 1842 y 1844, sus ideas estaban plenamente desarrolladas, pero siguió analizando y recolectando datos. Sin embargo, a pesar de que sus amigos lo presionaban para que publicara el libro con su teoría de la evolución, por alguna razón desconocida, nos explica Richard Leakey: Darwin decidió guardar en lo más profundo de su archivo la teoría biológica más revolucionaria de todos los tiempos.

Repentinamente, otro naturalista inglés, Alfred Rusell Wallace (1823 – 1913), le mandó al mismo Darwin una copia de un artículo científico, pidiéndole su opinión. Al leerlo se quedó congelado: el artículo de Wallace describía nada menos que *la evolución de las especies por selección natural*. Darwin decidió publicar entonces sus conclusiones y las de Wallace en un solo artículo conjunto en el año de 1858, sin que esta publicación tuviera mayores repercusiones. Pero ya no podía dilatarse más: era noviembre de 1859 –veinte largos años después de su viaje en el Beagle– cuando se publicó, por fin, *El origen de las especies*.

Estalló una polémica salvaje que, por más raro que parezca, continúa hasta nuestros días. Generaciones enteras de científicos, unos a favor y otros en contra, en Inglaterra, Alemania o Estados Unidos, se enfrentaron en acalorados y muy violentos debates.

Darwin era de temperamento extremadamente amable, por lo que se mantenía al margen de las controversias; pero no le faltaban defensores como Thomas Henry Huxley (1825 – 1895) o Ernst Haeckel (1834 – 1919), quienes se peleaban en su nombre contra todos aquellos que sentían que sus creencias religiosas habían sido ofendidas y mancilladas.

Antes de su muerte, en 1882, se habían publicado seis ediciones y traducciones a once lenguas distintas de su libro El origen de las especies. Desde entonces se han hecho cientos de ediciones diferentes.

Poco tiempo después de que apareciera su famoso libro, y para aderezar con fuegos pirotécnicos el ambiente científico de su conservadora época, Darwin tuvo la osadía de publicar en 1871 *El origen del hombre*. Como era de esperarse, su teoría aplicaba a todos los seres vivos, incluyendo a los humanos. Entre otras cosas, en este segundo bombazo editorial, Darwin discutía las pruebas que demostraban la evolución humana.

Cabe destacar que Darwin nunca mencionó que descendiéramos del mono; lo que establece su teoría –como se ha venido aclarando desde el siglo 19– es que compartimos un antepasado común, y no podía ser menos dado el estrecho parentesco que tenemos con nuestros primos incivilizados.

Antes de morir, Darwin reconoció que encontraba enormes dificultades para explicar satisfactoriamente dos pilares fundamentales de su teoría: el origen de las variaciones y el mecanismo de la herencia. Él mismo propuso una teoría sobre el tema denominada *pangénesis*, que no convenció en su época.

Sencillamente nadie tenía idea de cómo se heredaban los rasgos de padres a hijos: ¿dominaba el padre en algunos aspectos y la madre en otros?, ¿se combinaban?, ¿cómo se transmitía el color de los ojos, por ejemplo?, ¿en los animales y las plantas la herencia era diferente? En la época de Darwin no se conocían los genes ni la herencia.

Después de que fuera enterrado solemnemente en la abadía de Westminster en 1882 como un gran científico inglés, tanto su teoría como sus ideas comenzaron a perder protagonismo en las discusiones científicas de finales del siglo 19 y principios del 20. Algunos pensadores de la época retomaron las ideas del viejo Lamarck, mientras que otros simplemente declararon que el darwinismo no tardaría en desaparecer.

LA GENÉTICA Y LA EVOLUCIÓN HOY

¿Hasta qué punto está demostrada la evolución? ¿Por qué no decimos la "Ley de la Evolución" al igual que la *Ley de la Gravitación Universal* o la *Ley de los Gases Ideales*? ¿El que sea "teoría" significa que podemos dudar de sus conclusiones? ¿Se contradicen ciencia y religión?

Las explicaciones basadas en la Biblia y la religión son válidas y pueden ser muy útiles. Una persona que pierde un hijo, como le sucedió al mismo Darwin con su pequeña Annie de tan solo 10 años, seguramente sentirá un dolor tan hondo que no encontrará consuelo mas que en el creador de todas las cosas.

Pero la ciencia sigue un camino diferente: comparando hipótesis con las evidencias que nos ofrece la naturaleza, los científicos van conociendo la realidad en la que vivimos. Stephen Jay Gould nos explica que la evolución es una teoría y también es un hecho. Las teorías son estructuras de ideas que explican e interpretan los hechos: los seres humanos evolucionamos a partir de antepasados simios, lo cual es un hecho; esa transformación se puede explicar por la selección natural propuesta por Darwin, o por otra teoría que estaría por descubrirse.

Las explicaciones basadas en la ciencia, desde luego, también son válidas y pueden ser muy útiles. El extraordinario Louis Pasteur (1822 – 1895) en 1885 ayudó con sus investigaciones a una atormentada mujer: su hijo estaba agonizando pues había sido mordido por un perro rabioso, y el científico francés le salvó la vida con una vacuna que se encontraba en fase experimental.

Pero ¿cuáles son las evidencias en el caso específico de la evolución? ¿Acaso existen pruebas que respalden esta oscura y compleja teoría?

Si dejamos caer una taza, en dos segundos quedará hecha pedazos por efecto de la fuerza de gravedad; es un fenómeno cotidiano. Pero la teoría de la evolución escapa al sentido común porque aún si lográramos vivir 100 años, no seríamos testigos de la evolución de los elefantes por selección natural, y ese pequeño detalle encierra una enorme dificultad.

De cualquier forma, la evolución sufrió su más dura prueba con el nacimiento y desarrollo de la genética. Pero antes de describir brevemente los avatares y vicisitudes que esta teoría sufrió durante el convulso y muy belicoso siglo 20, veamos algunas evidencias (existen otras) que permiten a los científicos conocer cómo los seres vivos están inmersos en sus respectivos procesos evolutivos.

Fósiles

Los restos de plantas y animales descubiertos en un tipo de rocas conocidas como "sedimentarias", representan un vistazo al pasado, y por lo tanto a la historia natural de nuestro planeta y los seres vivos que lo habitamos. Ya que los depósitos de estas rocas se van acumulando muy lentamente por capas, los especialistas en animales extintos, los paleontólogos, saben que los fósiles encontrados en las capas más profundas son los más antiguos, y han descubierto también que contienen a las plantas y animales más primitivos.

Se sabe que han ocurrido cinco extinciones masivas, lo que significa que la mayoría de los seres vivos que han poblado nuestro planeta, están ahora extintos. ¿Cómo saben esto los especialistas? Estudiando fósiles: con estas enciclopedias rocosas de historia natural se pueden conocer los profundos cambios sufridos por plantas y animales a través de muchos millones de años.

Hace 500 millones de años solo había vida en los océanos. Las plantas, por evolución, se adaptaron a vivir en tierra firme hace 430 millones de años; los animales hicieron lo mismo hace 360 millones de años.

Algunas de las series mejor estudiadas son la del caballo, el elefante o los mamíferos marinos: se han recuperado fósiles de todas sus etapas evolutivas que muestran claramente los pequeños cambios sufridos con el caminar de los años. También se han encontrado series completas de fósiles que señalan el paso de reptil a mamífero casi sin interrupciones.

Sin los fósiles, no sabríamos nada de los famosos y terribles dinosaurios, ni se habrían filmado tantas películas "jurásicas".

Anatomía comparada

De esta rama de la Biología se puede deducir la misma historia del antepasado común. Las extremidades de diferentes vertebrados son similares aunque sus funciones no sean iguales: el ala de un murciélago, la mano de un chimpancé, la aleta de un delfín o la pata delantera de un lobo tienen el mismo patrón de huesos: húmero, cúbito y radio, muñeca y falanges (dedos). La cantidad de características que comparten las diferentes especies da una idea de la separación en el tiempo a partir del antepasado común, que la selección natural se encargó de modificar.

Estos patrones no se pueden explicar por simple coincidencia, y podemos afirmar que todos los vertebrados comparten una historia evolutiva compartida. Sucede lo mismo con los insectos, las aves o las plantas con flores: descienden de un antepasado común.

Si nos vamos más lejos, podemos pensar en un punto en el cual se origina la vida en el planeta, con un solo antepasado para todos los organismos: el gran y ancestral abuelo de todas las especies (por el que sentiríamos poco afecto si lo conociéramos pues sería más parecido a una simple bacteria que a un amable anciano). Pascal Picq afirma que el ancestro común a todas las formas vivas ha sido llamado LUCA, de "*last universal common ancestor*" (traducido sería algo como el "último ancestro común universal").

Imagen 6: Lagarto fósil.

De esta forma, tanto Lineo como Lamarck y todos los que se dedicaron a la clasificación, encontraron que resultaba imposible evitar la idea de la evolución de las especies a partir de antepasados comunes. Y si a esto le agregamos que todos (plantas, animales, hongos, bacterias y bichos raros) tenemos las mismas moléculas de la herencia (ADN y ARN), que las usamos a través del mismo código genético que funciona igual para todos, y que nos heredó LUCA, lo fascinante de esta historia es que todos los seres vivos somos una misma familia.

También entre los seres humanos hay ejemplos de evolución. Algunos grupos humanos han adquirido características que favorecen su adaptación a condiciones extremas. Los inuit, también conocidos como esquimales, han desarrollado adaptaciones al frío como el tórax en forma de barril (el cuerpo bajo y grueso retiene mejor el calor que el alto y esbelto); por el contrario, grupos africanos como los pueblos san del sur de África o los hadzabe de Etiopía, son altos y delgados como adaptación al calor.

Los habitantes del Himalaya que viven a más de 3 mil metros de altura han desarrollado adaptaciones en sus glóbulos rojos que les permiten respirar en lugares altos con poco oxígeno. Son adecuaciones vinculadas a diferentes ambientes.

Pero no debemos adelantarnos a las cuestiones genéticas: si recordamos, Darwin murió sin saber cuál era la fuente de la variabilidad y cómo se transmitía la herencia.

Poco después de la aparición de *El origen de las especies* (1859), un monje agustino católico publicó un artículo con los resultados de unos experimentos muy originales con plantas de chícharos o guisantes. Corría el año 1865 y el monje se llamaba Gregor Johann Mendel (1822 – 1884). Todo parece indicar que Darwin murió sin conocer los trabajos de Mendel. Si acaso tuvo en su escritorio el artículo del monje (como algunos autores afirman) no lo leyó o no comprendió que hablaba sobre la gran laguna que tenía su teoría: la herencia.

Mendel diseñó muy bien sus experimentos y escogió la mejor planta que tenía a su alcance. La flor de la planta de chícharo está cerrada y por lo tanto se auto poliniza. Esto quiere decir que se reproduce fecundándose a sí misma, asegurando que los descendientes conservan las mismas características (color de las flores, color y forma de las semillas, tamaño del tallo, etc.). Mendel buscaba conocer la herencia: cómo se transmiten esas características de padres a hijos, de una generación a otra.

¿Por qué Mendel no usó la forma de la hoja de chícharo para su estudio? Simplemente porque hay toda una gama completa de formas y tamaños diferentes de hoja en la misma planta, difíciles de clasificar, de reconocer y de estudiar. En cambio, usó el color de la flor ya que solo hay dos: roja o blanca; o la forma de la semilla que también solo tiene dos: lisa o rugosa. Ese fue el gran acierto de Mendel al escoger la planta de chícharo para estudiar la herencia.

Imagen 7: Gregor Mendel.

Para simplificar el análisis, Mendel al principio se fijó en una sola característica: comenzó con el color de la flor. Las plantas con flores rojas se auto polinizan y dan lugar a plantas hijas con flores

41

rojas (Mendel las llamó *razas puras*). Tanto la parte masculina (polen) como la femenina (óvulos) poseen la misma información: flores rojas.

Recordemos que la reproducción en las plantas con flores es *sexual*, como los animales, los insectos y los seres humanos, y precisamente en la flor encontramos los órganos reproductores.

La parte masculina corresponde a los "estambres": filamentos delgados que contiene un saquito en su extremo, conocido como "antera", en el que se desarrollan los granos de **polen** (gametos masculinos). La parte femenina se denomina "pistilo", formado por una punta llamada "estigma", donde la flor recibe los granos de polen que son conducidos al interior donde están los **óvulos** (gametos femeninos).

Normalmente, los insectos son los encargados involuntarios de fecundar con el polen de una flor el estigma de otra para formar el **cigoto** (óvulo recién fecundado), de donde saldrán las semillas y por lo tanto las plantas hijas.

FIGURA 1. Reproducción en plantas.

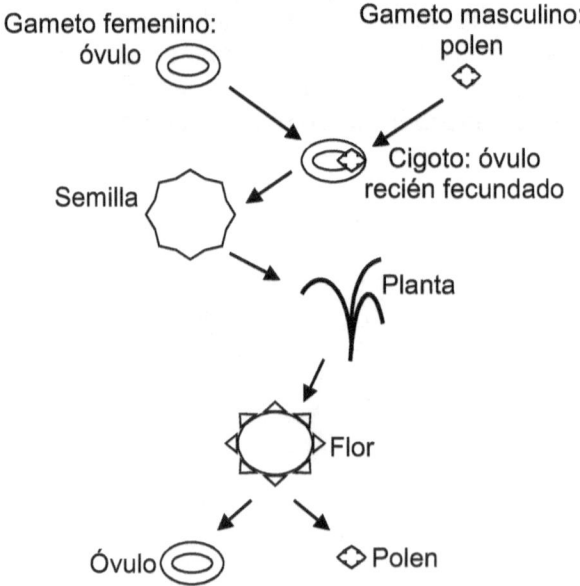

Solamente los gametos (células sexuales) poseen un solo factor de información, de tal forma que cuando se unen el óvulo de una planta y el polen de otra para formar un cigoto, el nuevo ser contiene los dos factores de información indispensables. Cuando este nuevo ser crece, madura y está listo para reproducirse, sus propios gametos volverán a tener un solo factor de información, para repetir el proceso.

A la hora de sintetizar el color de la flor en las *razas puras*, no importa si la información proviene de la parte masculina o de la femenina, pues ambos regulan la aparición de la misma característica en la planta: el color de la flor. Todas las células de la planta contienen la información hereditaria por pares, por la sencilla razón de que la mitad proviene de la madre (óvulo) y la otra mitad del padre (polen).

Mendel decidió comenzar sus experimentos mezclando por polinización artificial el polen de flores blancas con el pistilo de flores rojas. Las nuevas plantas ya no serían razas puras. Seguían teniendo dos factores de información para el color de la flor, pero uno tenía la información "flor roja" y el otro "flor blanca"; por esa razón, Mendel las llamó *razas híbridas*.

Imagen 8: Chícharos o guisantes.

¿Qué pasó cuando Mendel cruzó las plantas con flores blancas y rojas?, ¿se mezclaron en un tono rosado?, ¿salieron de un color diferente?, ¿en verdad se reprodujeron a pesar del revoltijo?

Resulta que la primera generación salió toda con flores rojas. Mendel dedujo, dado que ya no eran razas puras, que el rojo era un rasgo *dominante* sobre el blanco, al cual llamó rasgo *recesivo*.

La parte masculina (polen) podía ser roja y la parte femenina (óvulos) blanca, o viceversa, siempre resultaban plantas con flores rojas; no dominaba la parte masculina sobre la femenina ni al contrario (*gracias al cielo*), simplemente dominaba el rojo sobre el blanco. Probó con el color de las semillas (amarillo o verde) y con la textura de la semilla (lisa o rugosa), y siempre un rasgo dominaba sobre el otro.

Cabe destacar que Mendel realizó su investigación con una muestra grande de muchas plantas, para evitar algunos comportamientos individuales anómalos y poder deducir el comportamiento general.

Hoy sabemos que los factores de información son llamados **genes**, y que estos se agrupan y organizan en **cromosomas**. Cada planta contiene dos genes para el color de la flor: si hay un gen para flor roja y otro para blanca, la planta dará flores rojas pues ese color es dominante sobre el blanco. Los seres humanos tenemos 23 pares de cromosomas y aproximadamente 30 mil genes. Todos los cromosomas (y por lo tanto los genes) vienen en pares ya que la mitad es heredada por nuestro padre y la otra mitad por nuestra madre.

Sin embargo, tanto Mendel como sus experimentos permanecieron ocultos durante algunos años, hasta que fueron descubiertos por tres investigadores casi de forma simultánea: Hugo de Vries (1848 – 1935), Carl Correns (1864 – 1933) y Erich von Tschermak (1871 – 1962). Los tres trabajaban de forma independiente sobre la herencia en las plantas. En 1909, William Bateson (1861 – 1926) estudió los experimentos de Mendel y le puso nombre a una nueva ciencia: Genética, el estudio de la herencia de los caracteres biológicos.

FIGURA 2. Información duplicada.

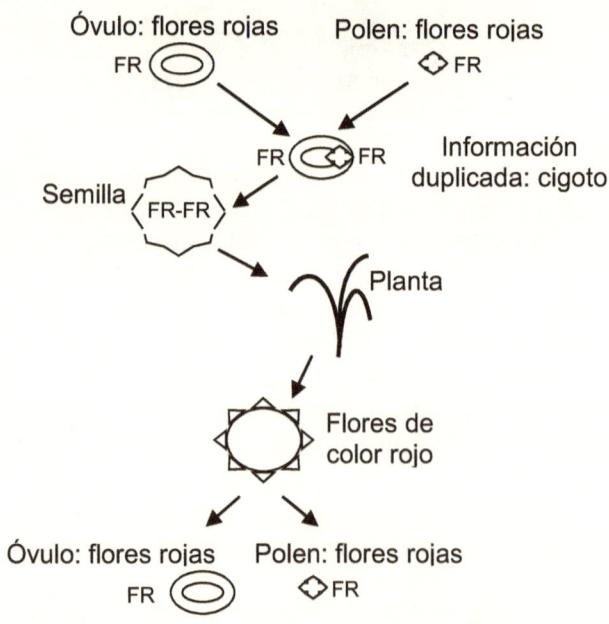

Mendel nunca usó los términos gen (moléculas químicas que permiten que las características se hereden de padres a hijos), genotipo (organización de los genes) ni fenotipo (características que podemos observar de los organismos como el color de la flor, y que representan la expresión de los genes). Fue Wilhelm Johannsen (1857 – 1927) quien designó estos conceptos.

El monje agustino realizó muchos experimentos más, estudió dos y tres rasgos simultáneamente, descubriendo que eran independientes unos de otros. Con estos sencillos y sistemáticos experimentos, Mendel estableció las bases de lo que en el futuro sería otra rama de la Biología.

Posteriormente, Thomas Hunt Morgan (1866 – 1945) realizó experimentos con la mosca de la fruta llamada Drosopila y demostró que los genes efectivamente eran las moléculas que contenían los factores hereditarios, y que no solo las plantas cumplían las leyes de Mendel sino *todos los seres vivos*.

FIGURA 3. Flores híbridas.

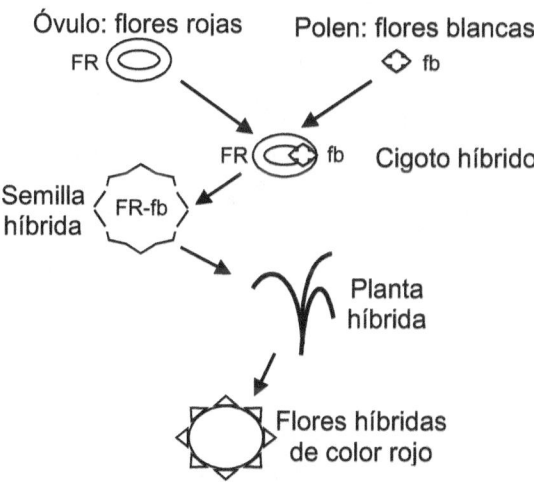

La Genética tuvo un desarrollo meteórico durante el siglo 20. Francis Crick (1916 – 2004) y James Watson ganaron el Premio Nobel de Medicina al deducir la forma de doble hélice que tiene la molécula del ADN (el constituyente fundamental de los genes), resolviendo el misterio de la información en el código genético. Para 1996, el Dr. Ian Wilmut logró clonar al primer mamífero, la famosa oveja Dolly, y en el 2001 se publicó el primer borrador del "genoma humano".

La Genética es maravillosa pero, ¿qué tiene que ver con Darwin y su teoría de la evolución? Recordemos, por enésima vez, que Darwin murió sin saber cuál era la fuente de la variabilidad y cómo se transmitía la herencia.

Durante las primeras cuatro décadas del siglo 20, el desarrollo de la Genética representó un gran obstáculo a las ideas de Darwin. Los mendelianos afirmaban que la evolución era estrictamente genética, independiente del medio ambiente, y por lo tanto de la selección natural. Pero, al mismo tiempo, los especialistas comenzaron a comprender la enorme complejidad de los fenómenos involucrados en la evolución de las especies.

Ahora sabemos, y todo comenzó con Mendel, que las características de los individuos (color de piel, estatura, forma de los ojos o la propensión a desarrollar enfermedades) se heredan de padres a hijos por estas pequeñísimas moléculas químicas llamadas genes, los cuales se transmiten a través de los gametos: óvulos y espermatozoides.

Imagen 9: Genética.

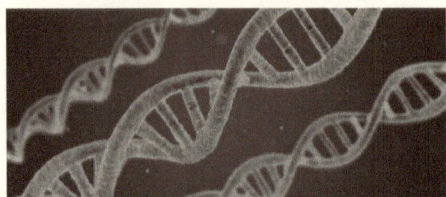

La variabilidad, la otra incógnita que se llevó Darwin a la tumba, se da en un proceso conocido como *recombinación genética*: sucede cuando se forman óvulos y espermatozoides, donde algunos genes se mueven de un cromosoma a otro sin control, y esto produce diferencias entre los descendientes de una pareja.

Pero la recombinación genética no es el único factor que produce variabilidad, hay otros, y el más famoso es conocido como *mutación genética*: es un cambio heredable en la información contenida en un gen. De acuerdo con el genetista Spencer Wells, cada persona que nace adquiere aproximadamente 30 mutaciones nuevas que la distinguen de sus padres.

Mientras que Richard Leakey, en la extraordinaria introducción que escribió para *El origen de las especies*, aclara que las mutaciones son un incentivo para la evolución, ya que producen genes completamente nuevos que a su vez producen nuevas variaciones. Las bacterias resistentes a los antibióticos, por ejemplo, lo han logrado a través de una mutación genética.

Sin variabilidad, la evolución no podría ocurrir, pero sin selección natural el proceso sería desorganizado y caótico, pues no habría forma de conservar lo útil ni de eliminar lo que no sirve. Actualmente, la *genética de las poblaciones*, estudia cómo los pequeños cambios en un individuo se difunden en las siguientes generaciones.

Al margen de los avances y retrocesos científicos, el darwinismo volvía a estar en boca de todos hacia el año 1925. La Cámara de Representantes de Tennessee, Estados Unidos, aprobó una ley que convertía en *delito* la enseñanza en las escuelas públicas de la "sucia" teoría de la evolución. Ese mismo año, un joven profesor de ciencias, John Thomas Scopes (1900 – 1970), decidió desafiar la ley, desencadenando la ira de los guardianes de la moral y las buenas costumbres. Lo llevaron a juicio por enseñar la teoría de la evolución y fue declarado culpable y condenado a pagar una multa.

La extraordinaria cobertura mediática hizo famoso el "juicio del mono", como fue bautizado por los creativos periodistas: todos los periódicos y radioemisoras hablaban del caso. Muchos años después, el afamado juicio fue llevado al cine con la película *La herencia del viento*, de 1960.

La primitiva ley que prohibía la libre enseñanza de las teorías científicas, permaneció vigente hasta 1967 cuando fue abolida por la legislatura de Tennessee, en el marco de un proceso de evolución de las especies jurídicas.

Pero no fue hasta la década de 1940, quince años después del juicio de Scopes, cuando genetistas y darwinistas por fin decidieron ponerse de acuerdo, dejando a un lado ofensas y reproches, y comenzaron a trabajar en una teoría unificada: se considera a la selección natural como motor de la evolución, mediante la acumulación paulatina de cambios que ocurren en poblaciones aisladas.

Al amparo de los nuevos conocimientos y teorías, el rescate y la dignificación de las ideas de Darwin fue obra de muchos y muy destacados científicos; siendo algunos de los más importantes:

- Julián Huxley (1887 – 1975), escritor y biólogo, quien publicó en 1942 un importante libro titulado *La evolución: síntesis moderna* (fue nieto de Henry Huxley, el fiel defensor de Darwin durante los días difíciles).

- Ernst Mayr (1904 – 2005), filósofo y destacado biólogo de la Universidad de Harvard, hizo importantes investigaciones sobre la genética y la evolución en aves silvestres.
- Sewell Wright (1889 – 1988), paleontólogo especialista en vertebrados, desarrolló una teoría sobre la genética de poblaciones usando técnicas estadísticas para explorar el flujo de los genes.
- Theodore Dobzhansky (1900 – 1975), basado en las obras de Mayr y Wright, comprobó que un grupo de organismos podía transformarse en una nueva especie si de alguna forma quedaban aislados de su población original.
- El Papa Juan Pablo II (1920 – 2005), en 1996 reconoció públicamente, con base en los avances científicos desarrollados por todo el planeta, que la teoría de la evolución era "algo más que una simple hipótesis". En realidad, no es mucho pero por algo se empieza.

La historiadora británica Janet Browne afirma que el darwinismo durante el siglo 20 está ligado a estas figuras que se esforzaron por dotarlo de un significado nuevo. La *síntesis moderna*, como fue llamada la teoría de la evolución de Darwin arropada con la nueva genética, estaba ya bastante consolidada para las celebraciones del centenario de la publicación de *El origen de las especies*, en 1959. Para febrero del año 2009 la *National Geographic* salía a los expendios de revistas con el siguiente título en su portada: Felicidades, señor Darwin, la genética valida sus teorías a 200 años de su nacimiento.

Ningún científico serio en la actualidad pone en duda la evolución de los seres vivos, incluyendo a los humanos: a partir de antepasados primitivos continuamos evolucionando, y en el futuro lo seguiremos haciendo. Pero, todavía nos queda una duda: ¿dónde está el fósil del famoso, célebre y escurridizo *eslabón perdido*?

Sabemos que fue un simio que vivió hace como 7 millones y más cosas, pero ¿cómo podemos estar seguros de que los simios y los humanos compartimos un antepasado con los chimpancés, si no hay pruebas?, ¿en qué momento y con qué especie se separó la familia en paninos (chimpancés y sus antepasados) y homínidos (humanos y sus antepasados)? *Ahí está el detalle*, diría el cómico mexicano Cantinflas: la teoría de la evolución todavía nos debe algunas explicaciones.

Mientras buscamos al eslabón perdido, podemos destacar que los investigadores actuales no dejan de reconocer lo que ya se sabía tiempo atrás: la enorme complejidad involucrada en la evolución de las especies, de tal forma que todavía falta explicar algunos detalles, a pesar de los nuevos conocimientos.

Las bacterias que se reproducen rápidamente sufren mayores cambios evolutivos que los elefantes que se reproducen más lento. Cada especie tiene su propio ritmo evolutivo, y por lo tanto resulta muy complejo establecer normas generales del proceso para todos los seres vivos.

A todo lo anterior, y para complicar todavía más el panorama, hay que agregar la nada despreciable influencia de los humanos sobre los demás seres con los que compartimos el planeta: somos tantos y hemos transformado radicalmente casi todos los rincones de la Tierra, que ya alteramos profundamente la selección natural.

Los antibióticos, los herbicidas y los pesticidas han obligado a evolucionar –por selección natural *mezclada con artificial*– a gran cantidad de bacterias, plantas e insectos: ¿acaso somos los humanos la principal fuerza evolutiva en el planeta?

El paleontólogo Richard Fortey considera que no sabemos ni lo que estamos destruyendo, porque el proceso es más rápido que el tiempo necesario para estudiar la biodiversidad, y aclara que hay especies que parece irles muy bien con los humanos, tales como las ratas de alcantarilla.

Se puede afirmar que un gran número de plantas y animales están inmersas en un inexorable proceso de extinción al no poder adaptarse a los drásticos cambios que los humanos estamos provocando en los ecosistemas: calentamiento global, contaminación, sobreexplotación de recursos, destrucción de hábitats.

Finalmente, en opinión de muchos historiadores de la ciencia, la teoría conquistó al mundo científico y la evolución por selección natural llegó para quedarse en las mentes libres de ataduras dogmáticas y prejuicios atávicos. Pero no solo influyó al mundo de las ciencias naturales; posteriormente apareció el *Darwinismo Social* con lo que las ciencias humanas también se vieron afectadas. Darwin fue el científico del siglo 19 que más desafió la visión de la Iglesia y la Biblia sobre la creación del hombre.

Mientras los debates, las controversias y las investigaciones se prolongan, los seres vivos continúan sometidos, irremediablemente, a la lucha por la supervivencia, el hambre y la muerte. Gracias a ello, la evolución por selección natural ha producido, en más de tres mil millones de años de historia natural, un mundo vivo de asombrosa diversidad, belleza y complejidad, y Charles Darwin, en unos pocos años, cambió para siempre nuestra comprensión de la vida en la Tierra.

Capítulo 3

EL SIMIO DEL SUR Y LA HISTORIA DE LA PALEONTOLOGÍA

En 1834 fue descubierto el fósil de un pequeño primate de un género llamado *Pliopithecus*. Estos ejemplares no pesaban más de 10 kilos y vivían en los árboles. Pasaron de África a Europa hace 17 millones de años gracias a que desapareció el Océano Tetis, debido a la colisión de la placa tectónica africana con el gigantesco continente Euroasiático. En aquella lejana época no existía el mar Mediterráneo, que terminó de formarse hace 5 millones de años, aproximadamente.

Pliopithecus antiquus, que significa algo así como el *simio más antiguo*, fue descubierto en Francia por el paleontólogo Edouard Lartet (1801 – 1871). Varios autores lo colocan como el primer primate fósil encontrado y descrito en la historia de la Paleontología. En 1863 apareció otro ejemplar, ligeramente más grande, al que llamaron *Pliopithecus platyodon*.

El geólogo británico Charle Lyell fue quien puso nombre en 1838 a una nueva ciencia, la Paleontología, usando raíces griegas para formar una palabra que significa *ciencia de la vida antigua*, y que se ocupa de descubrir y estudiar fósiles (restos de plantas y animales que vivieron en el pasado).

La palabra *fósil*, de acuerdo con el paleontólogo español Jordi Blaschke, proviene del verbo latino *fodere* que significa excavar, o también usado como adjetivo se refiere a cosas desenterradas. Tanto geólogos como paleontólogos tienen que meter las manos en la tierra, y su afición nos permite conocer la historia de los antiguos habitantes del planeta Tierra.

Imagen 10: Paleontología.

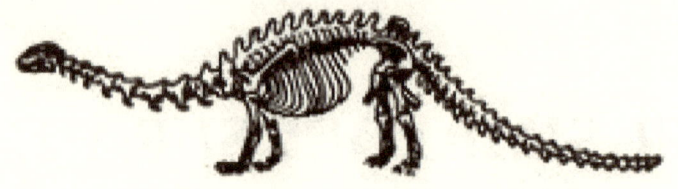

EL INICIO DE LA PALEONTOLOGÍA

Todo comenzó con los griegos. Hay descripciones muy elaboradas sobre fósiles, así como detalles de conchas y peces marinos hallados en colinas fuera del alcance del mar, y que los ponían a pensar que en el pasado esos lugares debían haber estado sumergidos. El filósofo Tertuliano (155 – 222) atribuía al *diluvio universal* el origen de esas conchas marinas fuera de su lugar natural.

Aristóteles (384 – 322 a.C.) y Teofrasto (368 – 284 a.C.) pensaban que tenían un origen inorgánico, es decir, minerales sin relación alguna con restos de seres vivos. Durante mucho tiempo persistió la polémica: ¿los fósiles tienen un origen orgánico (plantas y animales del pasado) o inorgánico (simples formaciones minerales como rocas)?

En la Edad Media se pensaba que la Tierra realizaba copias de los animales muertos; a esto se le llamó *vía plástica*. Durante aquella oscura época de nuestra historia, los fósiles fueron involucrados con historias de brujas, dragones y demonios, pero también se les atribuían cualidades curativas o milagrosas.

En China había una clasificación zoológica muy detallada para los fósiles conocidos como *dientes de dragón*, famosos por ser considerados 'afrodisiacos'. En Dinamarca e Inglaterra los equinodermos fosilizados eran usados como protección contra las brujas (los erizos de mar pertenecen al género de los equinodermos).

Finalmente, con Leonardo da Vinci (1452 – 1519) y algunos de sus contemporáneos, se vuelve a destacar la idea de que tenían un origen orgánico. La palabra *fósil* fue usada por primera vez por el químico, alquimista y Padre de la Mineralogía moderna, Georg Pauer (1494 – 1555), mejor conocido como Georgius Agricola. Clasificó un gran número de piezas sin ocuparse de su origen, pero reconociendo la enorme similitud con los seres vivientes.

Durante el siglo 16 apareció una de las más importantes colecciones de fósiles perteneciente a la polémica familia florentina de aristócratas y gobernantes: los Médicis; además de la política, las intrigas y el arte (pues apoyaron a Miguel Ángel), también se ocuparon de peces, conchas y lagartijas petrificadas.

Imagen 11: Fósil.

A principios del siglo 19, los naturalistas de esa época descubrieron diferentes capas o estratos en las profundidades de la tierra, con restos de animales que ya no existían entonces. El antropólogo Richard Leakey, nos explica que tales descubrimientos pusieron a pensar a los científicos que el vasto mundo animal había estado sometido a cambios, y que no se podían explicar simplemente a través de la *creación divina*.

Se desarrollaron hipótesis, teorías e intentos para entender por qué se habían extinguido tantas especies, como la *Teoría del Diluvio* o la famosa y muy polémica *Teoría de las Catástrofes*, elaborada por George Cuvier. Este célebre naturalista francés, a pesar de sus desatinadas "catástrofes", fue quien rescatara a la Paleontología de las garras de la magia y los mitos para entregarla en las *manos de la ciencia*.

La Paleontología se convirtió en una actividad científica, con objetivos y métodos bien claros, basada en investigaciones que la convirtieron en una ciencia moderna. Cuvier era experto en dinosaurios, y para 1825 publicó el primer libro sobre este tema, en toda la historia de la ciencia.

Además, entre otras cosas, sentó las bases de lo que se conoce como *Anatomía Comparada*. Llegó a comprender tan bien las relaciones necesarias entre una parte del cuerpo con otra, que solo con examinar algunos huesos deducía la forma del resto, reconstruyendo al animal completo. En 1812 dio a conocer al espectacular reptil que volaba, que él mismo llamó *pterodactylus*: "dedo alado".

Uno de sus discípulos, Richard Owen (1804 – 1892), también experto tanto en Anatomía Comparada como en fósiles, bautizó a los lagartos gigantes como *Dinosaurios*: palabra griega que significa *reptil terrorífico*. A Owen también le debemos haber sido el primero en reconocer unos curiosos reptiles de la era Mesozoica, con características similares tanto con anfibios como con mamíferos.

En Inglaterra, una pequeña de nombre Mary Anning (1799 – 1847) comenzó a coleccionar fósiles a la tierna edad de 11 años. Con la muerte de su padre en 1810, la familia pasó momentos muy difíciles. Entonces ella tuvo que considerar seriamente lo que su padre tomaba como un pasatiempo: amplió el negocio de los fósiles y se convirtió en una joven reconocida por los paleontólogos de su época. Su familia dejó de sufrir cuando encontró y vendió un esqueleto casi completo de un ictiosauro de la época Jurásica.

Con la publicación de *El origen de las especies* de Darwin, la Paleontología como ciencia asumió una gran responsabilidad: ordenar, clasificar y proporcionar pruebas de la evolución; plantas y animales del pasado como evidencias del cambio biológico.

A principios del siglo 20 esta ciencia continuó rindiendo frutos espectaculares con nuevos descubrimientos de fósiles humanos: entraron en *escena* el famoso 'Hombre de Pekín' y el controvertido 'Hombre de Java', además de nuestros antepasados australopitecos. Pero, ¿quiénes fueron los australopitecos y por qué son considerados *nuestros antepasados*?

En 1924, un profesor de anatomía llamado Raymond Dart (1893 – 1988) recibió un cráneo fósil, que identificó como *homínido* dada su experiencia como anatomista. Fue clasificado como *Australopithecus africanus* (nombre científico que significa *Simio del Sur de África*).

De acuerdo con el escritor Kenneth Weaver, en un artículo publicado en la célebre y amarilla revista *National Geographic*, el

Dr. Raymond Dart pensó lo siguiente cuando tuvo al cráneo fósil en sus manos:

> Como Hamlet con su Yorich, yo busqué para leer la historia que este mensajero del pasado pudiera decir. [...] Nacido en los montes de Sudáfrica hace uno o dos millones de años, el niño murió a la edad de cinco o seis, y sus huesos terminaron en una cueva. [...] Pasaron milenios. Los climas cambiaron. Animales se extinguieron; nuevas especies aparecieron. Pero el niño durmió en su tumba rocosa (Kenneth Weaver, *The search for our ancestors*).

Desde luego, por ser un descubrimiento revolucionario directamente relacionado con los orígenes del hombre, el profesor Dart fue acusado de farsante.

El pequeño cráneo fue encontrado en un lugar llamado Taung, por esa razón es conocido como el *niño de Taung*, que representa al primer australopiteco descubierto y el más ignorado por muchos años. Lo que no podemos ignorar son nuestras raíces: los australopitecos son los antepasados simios de los seres humanos.

Imaginemos que pudiéramos ver y tocar a un australopiteco para analizarlo; simplemente pensaríamos que se trata de un chimpancé (los parientes cercanos se parecen). Pero un detalle nos dejaría confundidos: el australopiteco caminaría parado, igual como lo hacemos los humanos.

Los chimpancés pueden caminar erguidos, en dos patas, pero lo hacen con mucha dificultad; su locomoción habitual es cuadrúpeda.

Otra diferencia que no se podría apreciar a simple vista, es que los australopitecos de hace cuatro millones de años, tenían un cerebro algo mayor que el actual chimpancé, lo que era lógico suponer ya que representan un paso evolutivo entre los simios arcaicos y los humanos.

Si encontráramos repentinamente un australopiteco caminando por la calle, una sensación muy extraña nos pondría a dudar: no es chimpancé porque camina completamente recto, en dos piernas; pero tampoco es un hombre extraviado de una isla perdida, pues está completamente cubierto de pelo y su cara es simiesca.

Al acercarnos para mirarlo a los ojos, un escalofrío estremecería nuestro cuerpo y nuestra conciencia, ya que su mirada sería inexplicablemente *humana*. No podría ser de otra forma, son nuestros parientes simios más cercanos.

Todas las especies de australopitecos están actualmente extintas, por lo tanto no los podemos ver en los zoológicos ni en ninguna parte. Los más antiguos que se han encontrado vivieron hace casi 5 millones de años, y la mayoría se extinguieron hace 2 millones de años.

Si retrocedemos más en el pasado, como diez o doce millones de años, encontraríamos a los eslabones –que no están perdidos–, de chimpancés, australopitecos, gorilas y humanos (así como de muchos primates). Actualmente se han recuperado en África cientos de fósiles de parientes y ancestros de aquellas lejanas épocas.

Es con el niño de Taung, el primer australopiteco, que la tierra comienza a revelar sus secretos celosamente guardados durante millones de años. Con ese y otros descubrimientos posteriores, los científicos y los paleontólogos dieron los primeros pasos firmes y definitivos en la investigación de nuestro largo camino evolutivo: los orígenes del hombre.

Imagen 12: *Australopithecus afarensis*.

Tuvieron que pasar muchos años para que los australopitecos volvieran a robar cámaras y aparecieran en los diarios más importantes de todo el planeta. En 1974, el norteamericano Donald Johanson y el francés Yves Coppens, descubrieron en Etiopía un esqueleto casi completo de una hembra clasificada como *Australopithecus afarensis*, a la cual llamaron Lucy (el día que descubrieron el fósil, el equipo de excavación escuchaba *Lucy in the sky with diamonds*, canción de los Beatles).

Lo más sorprendente de Lucy, además de que vivió hace poco más de 3 millones de años, fue que tanto su columna vertebral como su pelvis resultaron ser pruebas definitivas de que caminaba erguida sobre sus dos piernas (anteriormente no había certeza sobre el tema). Quizá no caminó con la misma soltura que los humanos actuales, pero Lucy y los de su especie eran definitivamente *bípedos*.

Y por si todavía quedaban dudas, en 1978 la arqueóloga Mary Leakey y sus ayudantes nativos encontraron huellas fosilizadas sobre ceniza volcánica, en una región de Tanzania.

Después de intensos análisis, determinaron que las pisadas correspondían a tres individuos, dos adultos y un menor, que caminaban parados en dos piernas. Lo hicieron hace casi 4 millones de años y, desde luego, pertenecían a la misma familia que Lucy: *Australopithecus afarensis*. Nuevamente recurrimos al escritor Kenneth Weaver, para conocer la magistral y conmovedora descripción que hace Mary Leakey de su descubrimiento:

> Seguir el camino [dejado por las huellas] produce, al menos para mí, cierta nostalgia. En un punto, [...] los viajeros se detuvieron, hicieron una pausa, giraron hacia la izquierda para avistar alguna amenaza posible, y entonces continuaron hacia el norte. Este movimiento, tan intensamente humano, trasciende el tiempo. Hace tres millones setecientos mil años, un ancestro remoto –justo como tú o como yo– experimentó un momento de duda (palabras de Mary Leakey, en el artículo de Kenneth Weaver: *The search for our ancestors*).

El día que los tres australopitecos caminaron por ahí, hacía poco que había caído ceniza volcánica, la cual se convirtió en roca dura como cemento, gracias a la lluvia. También hay huellas de elefantes, rinocerontes, liebres, gallinas de Guinea, puercos y búfalos, así como las marcas que dejaron los primeros gotones de lluvia.

Con todo este 'escenario' descubierto por arqueólogos y paleontólogos, muchos quisieron ver en la figura de Lucy a la madre ancestral de toda la humanidad, y se convirtió en algo más que un *fósil de simio*: la "abuela del pasado" que todos los humanos teníamos perdida.

Si Lucy y los australopitecos se lanzaron al estrellato en la década de los años 70 con sus huellas plasmadas en los suelos volcánicos de Tanzania, el siglo 20 concluyó con una gran cantidad de fósiles de nuevas evidencias de nuestros orígenes: más australopitecos ligeros (como Lucy), australopitecos robustos llamados *parantropos*, y algunos esqueletos fósiles que ya podemos considerar como *humanos* y que eran desconocidos hasta entonces: *Homo habilis*, *Homo ergaster* y *Homo erectus*. Antes del profesor Dart, en 1924, no había sido descubierto ni uno.

EL ESLABÓN PERDIDO COMIENZA A DAR SEÑALES DE VIDA

Los humanos no somos descendientes del chimpancé y menos aún de los monos. Evolucionamos a partir de los australopitecos, nuestros antepasados simios. Es por eso que tanto ellos como nosotros pertenecemos a la misma familia: *homínidos*. Los chimpancés son miembros de otro grupo diferente, llamado *paninos*.

No es necesario buscar (o negar) obsesivamente al escurridizo eslabón perdido para conocer nuestra evolución a partir de antepasados *no humanos*; se han encontrado cientos de fósiles de nuestros tatarabuelos simios, los australopitecos, y los podemos considerar eslabones (que no están perdidos) entre los humanos y los simios.

¿Pero qué parentesco existe entre paninos y homínidos? Si no descendemos del chimpancé sino de los australopitecos, entonces ¿cuál es la relación entre ellos?

Paninos y homínidos compartimos un antepasado común; es decir, el *Eslabón Perdido*: otro simio más arcaico que vivió en África hace tanto como 6 o 7 millones de años. El grupo al que pertenecía este simio (antepasado tanto de 'paninos' como de 'homínidos') se separó en dos ramas (probablemente en más), y con el paso de millones de años, por un lado originó la estirpe de los actuales chimpancés, y por otro la de los australopitecos y los humanos.

El siglo 20 concluyó con australopitecos de 5 millones de años de antigüedad, que además son evidencias tangibles de la evolución humana a partir de antepasados simios. Para sorpresa de todos, resulta que hasta el año 2000, *apenas* han sido encontrados en África fósiles de primates enigmáticos, que han causado grandes controversias: existen suficientes razones para pensar que alguno pudiera haber sido el famoso *Eslabón Perdido*.

Faltan más estudios y otras evidencias para sacar conclusiones definitivas, pero suponiendo que nunca se encontrara al verdadero 'antepasado común' entre paninos y homínidos, entonces ¿qué pasaría?

Es algo que no debe preocuparnos, ya que si nos movemos más atrás en el tiempo, disponemos de muchos "abuelos" que son *eslabones* de la estupenda 'familia' que formamos todos los primates (hombres, gorilas, chimpancés, entre muchos otros, y que sin duda alguna, son nuestros *parientes* arcaicos); por ejemplo, Proconsul, *Keniapithecus*, *Aegyptopithecus*… (la lista es larga). De todos ellos, existen suficientes fósiles.

Podemos dar gracias al Creador del Universo, o a quien más confianza le tengamos, de pertenecer a una gran y diversa familia con ilustres y distinguidos antepasados.

Capítulo 4

EL HOMBRE MONO Y LOS PRIMEROS HUMANOS

Corría el año 1852 cuando por casualidad un cazador encontró huesos humanos en una cueva. Esto ocurrió cerca de un poblado llamado Aurignac, en Francia. El escritor John Reader, en su libro *Eslabones perdidos*, narra los hechos:

> Junto con la mayor parte de la población lugareña, el alcalde, doctor Amiel, fue atraído por el descubrimiento y, una vez que el erudito caballero satisfizo su curiosidad al grado de determinar que los huesos habían pertenecido a diecisiete individuos de uno y otro sexo y de diferentes edades, ordenó que prontamente se les diese cristiana sepultura en el cementerio de la parroquia (John Reader, *Eslabones perdidos*).

Edouard Lartet, el mismo paleontólogo que excavara en 1834 al primer fósil de primate, escuchó sobre los huesos humanos ocho años después. Cuando se presentó en el lugar buscándolos, el sacristán no tenía la más remota idea de la cueva donde habían sido encontrados. Después de explorar la zona, Lartet desenterró algunos esqueletos y dedujo que habían sido hombres antiguos que convivieron con animales extintos.

Fue hasta 1874 que se bautizó como "hombre de Cro-Magnon" (o simplemente *cromañón*) a los europeos arcaicos que vivieron durante la última era glacial, cuando descubrieron otros cinco esqueletos parecidos a los encontrados por Lartet. Esto fue en un lugar llamado Cro-Magnon, cerca de la sureña ciudad francesa de Burdeos. Parecía que no había muchos miembros de la familia *Homo*, ya que *Homo sylvestris* (nada menos que el orangután) que Lineo amablemente incluyó en nuestro género, pronto fue sacado de la familia para emparentarlo con chimpancés y gorilas.

Un poco antes, en 1856, otros huesos aparentemente humanos fueron arrojados entre lodo y rocas, por un grupo de trabajadores que picaban piedra en una cueva. Pasadas algunas semanas, una generosa persona tuvo la voluntad de llevarlos a un profesor, llamado Johan Karl Fuhlrott (1803 – 1877), que vivía a unos cuantos kilómetros del lugar. En compañía de otros expertos, el profesor realizó más excavaciones rescatando parte de un cráneo y otras piezas.

Dicha cueva está en una región conocida como Valle Neander (Alemania). De esta forma, desde el 4 de febrero de 1857 que fueron presentados en la Sociedad Médica y de Historia Natural, el grupo de seres humanos al que pertenecieron aquellos fósiles, son conocidos como *neandertales*.

Fuhlrott estaba convencido de que los restos eran antiguos, y supuso que el borde superciliar prominente que los caracterizaba debía haber sido típico de la raza 'neandertal'. El *borde superciliar* se refiere a la parte del cráneo que sentimos cuando tocamos nuestras cejas y que, desde luego, era diferente a la nuestra precisamente por ser voluminosa.

Otro cráneo neandertal, que había sido descubierto desde 1848 (ocho años antes del alemán) y guardado porque no lo habían considerado importante, apareció en Gibraltar, al sur de España. Con este segundo cráneo y con otros que habían sido encontrados desde 1830, el geólogo inglés William King propuso clasificarlos como: *Homo neanderthalensis*, una especie diferente de la nuestra. Más fósiles neandertales fueron exhumados de sus milenarias sepulturas: dos esqueletos completos en Bélgica en 1887, otro en Croacia, varios más en Francia entre 1908 y 1911.

Los neandertales vivieron en Europa durante la última era glacial, pero se extinguieron hace 30 mil años. Desde África, el hombre de cromañón migró al continente europeo algunos milenios antes de la desaparición de los neandertales; por lo tanto, compartieron el territorio durante algún tiempo.

El profesor israelí Yuval Noah Harari (en su libro *De animales a dioses*) nos dice que estamos acostumbrados a pensar en nosotros como la única especie humana que hay, pues así ha sido durante los últimos 10 mil años; pero en el pasado hubo otros miembros de la familia. El primero en ser descubierto fue *Homo neanderthalensis*, y desde entonces se han venido agregando otras especies del género homo (parientes que no conocíamos). Con estos descubrimientos, comenzaba tanto la clasificación como la búsqueda de los antepasados del hombre.

Imagen 13: Cráneo neandertal.

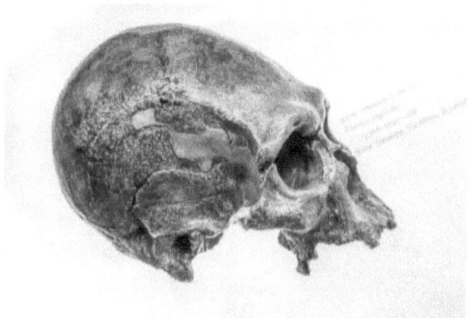

Un médico holandés, Eugene Dubois (1858 – 1940), se propuso trabajar en semejantes asuntos, y para ello decidió viajar al sureste de Asia en busca de *El Eslabón Perdido*; estaba plenamente convencido de las ideas de Darwin.

Sin embargo, a pesar de los árboles genealógicos que los evolucionistas de su época elaboraban con mucho entusiasmo y fantasía (proliferaban por todas partes y estaban inspirados en la teoría de la evolución), a finales del siglo 19 no había ni *una sola* prueba fósil, sobre el antepasado común entre hombres y monos.

La única manera que encontró este joven y apasionado médico de viajar a la isla de Sumatra (Indonesia), que para esos días era una colonia, fue alistándose como médico del ejército de su país en las *Indias Holandesas*.

Cabe destacar que escogió el sureste de Asia –y no África– por la influencia de importantes personalidades de la época, como Alfred Russel Wallace y Ernst Haeckel, quienes suponían que allí estaba la cuna del hombre y no en otra parte.

La decisión de Dubois, influenciada por estos grandes hombres, fue valiente e importante. Los únicos vestigios del pasado humano conocidos, los neandertales, habían sido descubiertos en Europa y además de manera accidental o por casualidad.

Unos años antes del viaje, el 26 de agosto de 1883, había explotado la pequeña y temperamental isla de Krakatoa, localizada entre Java y Sumatra. El estruendo se escuchó en lugares tan alejados como Australia o isla Rodríguez en el Océano Índico. La nube de cenizas alcanzó 80 km de altura, y la potencia del volcán ocasionó olas gigantes de 40 m de altura, con miles de personas muertas en las islas cercanas y cientos de aldeas costeras destruidas.

Imagen 14: Grupo de neandertales.

El periodista Jacinto Antón menciona que una isla llamada Sebesi, por poner un ejemplo de la devastación, quedó completamente sumergida y no se salvó ni uno de sus tres mil habitantes. La cifra de muertos que se reportó fue de unos 40 mil, casi todos en las costas vecinas.

Poco después de la famosa explosión volcánica del Krakatoa (hicieron una película en 1969), Dubois inicia la búsqueda sistemática, *no casual*, de los antepasados del hombre. El calendario señalaba el año 1887 cuando desembarcó en la isla de Sumatra con su esposa y su pequeña hija, lleno de esperanzas e ilusiones. Sin embargo, su estancia en Sumatra fue poco productiva, ya que durante el escaso tiempo que tenía disponible para hacer excavaciones, no halló más que fósiles de poco interés.

Para su fortuna, fue trasladado a la vecina isla de Java, donde no solo disponía de más tiempo para investigar, sino que además el gobierno de la administración local puso a su disposición a un grupo de presos y a dos policías que los cuidaban, para realizar las excavaciones.

Los primeros resultados fueron diversos fósiles que clasificó y envió a Holanda: peces, reptiles, elefantes antiguos, rinocerontes, hipopótamos, ciervos, tigres, hienas, cocodrilos y un armadillo gigante. Toda esa riqueza de fósiles estaba compuesta por animales extintos y que en ese momento eran desconocidos.

En 1891 encontró un diente, que en principio clasificó como de orangután, pero después rectificó dejándolo pendiente. Al año siguiente, la fortuna por fin iluminó la intensa búsqueda de Dubois. Los yacimientos de la isla, paulatinamente le regalaron una colección de huesos: un fragmento de maxilar inferior, dos dientes, parte de un cráneo y un fémur. Cuando pudo, mandó un cable comunicando una noticia a Europa: *¡había encontrado el Eslabón Perdido!*

Los restos fósiles son conocidos como *El Hombre de Java*. Dubois lo clasificó como *Pithecanthropus erectus*, que significa *hombre mono erguido*. Lo llamó *erectus* porque el fémur era una prueba indiscutible: caminaba parado. Pero también afirmaba que la criatura representaba una etapa intermedia entre hombres y simios (es decir, el antepasado común).

A su regreso a Holanda, en 1895, Dubois fue cálidamente recibido por sus colegas con fuertes controversias, insensatas burlas y tremendas descalificaciones. Con el tiempo, y después de numerosas batallas campales en los congresos científicos, logró un poco, pero no convenció.

Recibió medallas y honores, pero nunca lo que más deseaba: convencer al mundo de que había encontrado al único eslabón entre el hombre y el simio, el *Pithecanthropus erectus*. Murió en 1940, pensando que nadie comprendía lo que había descubierto, nada menos que *El Eslabón Perdido*, idea que perdió y nubló su razón.

Sin duda alguna, Dubois merece todo nuestro reconocimiento, ya que inició la búsqueda *sistemática* y *científica* de los antepasados del hombre, y encontró al más antiguo de su época, pero no lo que buscaba.

El descubrimiento del Hombre de Pekín, como de otros esqueletos más completos desenterrados en la misma Java, terminaron confirmando que el *hombre mono* de Dubois (el Hombre de Java), no era otra cosa sino un ejemplar más de *Homo erectus*, otro miembro de la familia, y no un antepasado de simios y humanos.

El Hombre de Pekín saltaría a la fama como digno representante de los antepasados del hombre, después de la pausa obligatoria en las investigaciones paleontológicas impuestas con rigor militar por la Primera Guerra Mundial.

Una vez terminados los combates, en 1920 iniciaron las excavaciones en China con dos equipos: uno sueco y otro estadounidense. Buscando evidencias del pasado humano, los equipos desenterraron gran cantidad de fósiles de las fértiles tierras chinas, que empacaron y enviaron a sus respectivos países.

Ambos grupos lograron embarcar miles de cajas con ejemplares de plantas y animales que eran completamente desconocidas para los científicos de su época. Además de huevos de dinosaurio, salieron de China restos de peces, tortugas, cucarachas, libélulas y también un dinosaurio completo de 10 metros de largo, entre otros.

Pero los restos no solo eran buscados por los extranjeros: un enemigo *peor* estaba en casa. La medicina tradicional china atribuye, incluso actualmente, propiedades curativas a los huesos del pasado remoto, conocidos por la gente como *dientes de dragón*. Los mismos trabajadores chinos señalaron a los investigadores la colina del 'Hueso de Dragón', donde, efectivamente, encontraron cientos de fósiles.

Algunos de los más extraordinarios fósiles fueron descubiertos, nada menos que en las farmacias tradicionales chinas. Después de comprarlos (incluían una receta "médica" con instrucciones para prepararlos como 'potentes estimulantes sexuales'), fueron enviados sin la muy cuestionable receta a universidades de Estados Unidos y Europa, donde los estudiaron y clasificaron.

Por órdenes del gobierno, fueron retirados los suecos y los estadounidenses. En 1927 inició la segunda ronda de excavaciones, con un grupo pequeño de científicos chinos trabajando con algunos extranjeros. El director del recién creado *Laboratorio de Investigaciones del Cenozoico*, el canadiense Davidson Black (1884 – 1934), coordinaba los trabajos. El gobierno autorizó las actividades con la condición de que *todos* los fósiles permanecieran en territorio chino.

El 16 de octubre de 1927, el nuevo equipo encontró otro diente, en 1928 una mandíbula, y para 1929, el paleontólogo chino Pei Wenzhong (1904 – 1982) descubrió el primer cráneo. Davidson Black anunció el nombre científico correspondiente: *Sinanthropus pekinensis*, que traducido significa "Hombre Chino de Pekín". Los escritores Edmund White y Dale Brown narran los hechos:

> El cráneo, junto con la mandíbula y los dientes, proporcionaba una clara imagen del hombre de Pekín. Parecía asemejarse al hombre de Java y al hombre de

Heidelberg, pese a que hubo que esperar muchos años antes de que los científicos admitieran que el *Sinanthropus*, al igual que los otros, no pertenecían a una especie diferente sino que era un ejemplar de *Homo erectus* (Edmund White y Dale Brown, *El primer hombre*).

Junto con los fósiles humanos, fueron encontrados una importante cantidad de huesos de animales que les servían de alimento (*los restos de la cena*). Muchos estaban quemados de una forma que hizo pensar a los arqueólogos que habían sido 'cocinados'.

La gran cantidad de cenizas y carbón de madera eran pruebas de que los hombres prehistóricos, hace 500 mil años, dominaban el fuego y lo mantenían continuamente encendido.

Diez años después del inicio de la segunda ronda, en 1937, se habían desenterrado huesos de unas 40 personas (hombres, mujeres y niños) que representaban una auténtica enciclopedia de la Prehistoria. Sin embargo, dicho tesoro enciclopédico desapareció misteriosamente al comienzo de la Segunda Guerra Mundial.

Los japoneses avanzaron sobre la capital china en 1941 con su ejército, situación que representaba una verdadera amenaza para los fósiles, pues al laboratorio del Cenozoico que los custodiaba se le vinculaba con intereses estadounidenses. La situación se volvía cada vez más caótica y la desesperación se apoderaba de los científicos chinos. Después de acalorados debates, no encontraron otro remedio y los fósiles fueron empacados para ser enviados a Estados Unidos, donde estarían más seguros.

Tristemente, el destacamento de marinos comisionado para tan peligrosa misión, nunca llegó al barco que los esperaba, pues la tripulación del mismo fue hecha prisionera por los temibles militares japoneses (solo unas semanas después se produciría el ataque japonés a *Pearl Harbour*). Las cajas con los fósiles se habían esfumado.

El infortunado Hombre de Pekín, que había costado tanto trabajo localizar y que permaneciera enterrado medio millón de años, estuvo entre nosotros apenas 12 años, antes de volver a desaparecer, quizá para siempre.

Pero no todo está perdido para los 'aficionados' al Hombre de Pekín, científicos o público general, pues queda el consuelo de las réplicas y fotografías de los originales. También, después del lamentable desastre que dejó la guerra, fueron recuperados otros esqueletos fósiles de *Homo erectus* en China.

Poco antes del comienzo de la Segunda Guerra Mundial, –y la desventurada desaparición de los fósiles chinos–, comenzó a gestarse otra gran ilusión, otra demostración de fe y perseverancia que enriquecería como nunca la búsqueda de nuestros antepasados. La Dra. Ángeles Querol lo llamó *el sueño de Louis*, compartido con su esposa, la arqueóloga Mary Leakey (1913 – 1996).

Hijo de misioneros cristianos en África, Louis Leakey (1903 – 1972) nació y creció en Kenia, y en su adolescencia viajó a Inglaterra para estudiar Antropología. Antes de iniciar su investigación, Louis estaba convencido de tres cosas: 1) los orígenes del hombre estaban en África, 2) el linaje humano se había mantenido con muy pocos cambios desde un tiempo muy remoto, y 3) nuestros antepasados no tenían nada que ver con los australopitecos. Por lo tanto, en 1931 comenzó a buscar fósiles en Tanzania, en un lugar llamado la Garganta de Olduvai.

En esos días, nadie creía que África fuera la cuna de la humanidad, y menos aún que el joven antropólogo pudiera lograr algo: los ojos del mundo científico miraban al sureste de Asia (Hombres de Pekín y de Java) y al norte de Europa (neandertales).

La Garganta de Olduvai, que tanto interesaba a Louis y donde encontrara sus primeras herramientas de un millón de años, es un cañón de 40 km de largo localizado en el norte de Tanzania (en las planicies del Serengueti, el famoso parque natural de las películas y los documentales).

Louis pasó tiempos difíciles trabajando dos décadas para el Museo Nacional de Nairobi (Kenia), y casi no tenía tiempo libre –ni dinero– para viajar y buscar en Olduvai (Tanzania). Pasaban los años, y los esposos Leakey seguían explorando inútilmente el barranco. El viaje desde Nairobi era largo y tedioso, lo que mermaba tanto sus ahorros como su paciencia. Keneth Weaver, en un artículo publicado en *National Geographic*, comenta que los frustrantes años se convirtieron en décadas, con escasos resultados para su esfuerzo y persistencia.

En 1951, cansados, sin resultados y sin recursos, a punto de darse por vencidos, los esposos Leakey consiguieron un socio que aportó 'oxígeno' y recursos para continuar. La segunda etapa en Olduvai fue posible con el valioso apoyo de un empresario llamado Charles Boise, interesado en la Prehistoria. Los resultados no tardaron en llegar.

En el lugar seleccionado para las excavaciones, encontraron cientos de herramientas de piedra tiradas y enterradas por todas partes, así como fósiles enigmáticos como un cerdo del tamaño de un hipopótamo, un mandril tan grande y pesado como un gorila, un animal parecido al bisonte con cuernos de más de dos metros de largo, entre otros.

Dichos animales gigantes motivaron a Louis, a pensar erróneamente, que el humano fabricante de las herramientas allí encontradas, sería también de talla *extra*.

En 1955, cuando fue recuperado un diente de aspecto humano, Louis lo atribuyó a un niño de 3 a 5 años de edad, pero la pieza era tan grande que el infante tenía que haber pertenecido a una raza de gigantes. Por fortuna, Louis rectificó su opinión, ya que posteriormente el doctor John Robinson (1923 – 2001), quien había trabajado con australopitecos en Sudáfrica, comprobó que la pieza había pertenecido a un *Paranthropus* adulto (recordemos que los parantropos son australopitecos del tipo robusto).

En 1959, exactamente cien años después de la publicación de *El origen de las especies*, Mary encontró una sorpresa. Keneth Weaver, en la misma *National Geographic*, nos relata que una mañana de julio, mientras Louis tenía fiebre y no podía salir de su tienda, Mary encontró dos enormes dientes y un fragmento de cráneo, en un sector del barranco. Regresó corriendo para dar la noticia al enfermo Louis.

Trabajando con herramientas dentales para eliminar la roca adherida a los fósiles, los Leakey lograron recuperar más de 400 fragmentos con los que fue posible reconstruir un cráneo. Definitivamente, pensó Louis, se trata del artesano que fabricó las herramientas de piedra encontradas; sin embargo, para sorpresa y 'terror' de los Leaky, tenía más pinta de *australopiteco*.

Era obvio que existía algún tipo de vínculo entre el sospechoso recién encontrado y las herramientas. Quizá, un grupo de australopitecos las había fabricado, pero entonces debían ser clasificados como antepasados del hombre: dilema complicado que contradecía categóricamente, las ideas de Louis sobre la evolución humana. Por lo tanto, para salir del atolladero, decidió clasificarlo como: *Zinjanthropus boisei* (Hombre del Este Africano, dedicado a Charles Boise por haber financiado las excavaciones).

De esta forma, el fósil podía considerarse como un digno antepasado del hombre, y así quedaban eliminados de la familia humana, los *molestos* y *primitivos* australopitecos.

Después de meticulosos estudios, quedó demostrado que se trataba nada menos que de un australopiteco del tipo robusto, el cual se reclasificó, y hasta la fecha lo conocemos como

Paranthropus boisei. A pesar del error, este descubrimiento le abrió a los Leakey las puertas de la *National Geographic Society*, pues decidieron financiar su trabajo.

Los nuevos resultados llegaron en poco tiempo. Mary trabajó intensamente, ya que entre 1960 y 1964 clasificó y analizó con sumo detalle más de 37 mil herramientas de piedra: hachas de mano, cinceles, martillos, yunques, raspadores de piel, punzones y el denominado 'esferoide' (una bola rocosa que pudo haber sido usada como un proyectil).

También, a principios de los años 60, Mary descubrió los hogares más antiguos conocidos en sus días, de casi dos millones de años de antigüedad. Pero la mayor satisfacción para Louis fue ver cumplido, al menos en parte, el sueño que 30 años atrás lo llevara a investigar esa mina de fósiles llamada Garganta de Olduvai: por fin tenían evidencias del verdadero fabricante de las herramientas (aunque este no era tan antiguo como él suponía). Cerca del lugar donde encontraran al 'estorboso' *Paranthropus*, aparecieron los primeros esqueletos.

Después de exhumados los fósiles, comenzaron los estudios. El anatomista John Russell Napier (1917 – 1987) analizó los huesos de las manos, y determinó que tenían la destreza suficiente para fabricar herramientas. Los huesos del pie confirmaron que eran completamente humanos con locomoción bípeda: caminaban erguidos. Phillip Vallentine Tobias (1925 – 2012) (quien demostrara que *Zinjanthropus* era un *Paranthropus*), midió el tamaño del cerebro: 680 cm^3, definitivamente mayor que cualquier australopiteco.

Con las evidencias iba cobrando fuerza la hipótesis que por tantos años motivara a Louis: los fósiles representaban al antepasado más antiguo del hombre. Por lo tanto, parecía válido suponer que *Paranthropus boisei* había sido un intruso, un entrometido o quizá una víctima del verdadero autor de las herramientas.

Finalmente, después de cuatro años de estudios, análisis, y al amparo de más evidencia fósil, Louis Leakey con sus colegas Napier y Tobias dieron a conocer en abril de 1964 la clasificación asignada a la nueva especie: *Homo habilis*, el humano hábil, por haber fabricado y *tirado* tantas herramientas de piedra (otro miembro más, de la numerosa familia humana). Por otra parte, los hábiles fabricantes de árboles genealógicos, rápidamente colocaron al 'nuevo' en la posición más lógica posible:

Australopitecos → *Homo habilis* → *H. erectus* → *H. sapiens*

Louis estaba de acuerdo, excepto en el primero de la lista. El origen del hombre tenía que ser muy antiguo, y separado de los australopitecos. Sin embargo, muchos especialistas de la época estaban en contra, no del *primero* de la lista, sino del mismo *Louis*. No toleraban que clasificara sus fósiles dentro del género *Homo*, ya que el *hábil* fabricante de herramientas, era considerado nada más que otro australopiteco. John Reader nos explica:

> Sus críticos respondieron con quejas porque los convencionalismos de la clasificación habían sido despreciados; alegaban que la peculiaridad de la nueva especie no había quedado debidamente demostrada, y sostenían que no había suficiente <<espacio morfológico>> para otra especie entre el Australopiteco y el *Homo erectus* (John Reader, *Eslabones perdidos*).

El tiempo daría la razón a Louis en un aspecto, pero no en otro. La mayoría de los científicos actualmente consideran que *habilis* es el más antiguo miembro de la familia humana (*Homo habilis*); pero, de igual forma, la mayoría están convencidos de que los australopitecos son los antepasados directos del género *homo*.

Después de todo, África robó la primacía al continente asiático, y gracias a los Leakey es hoy considerada "la *tierna* cuna de la humanidad".

Louis murió en 1972, pero desde 1967 su hijo Richard comenzó a trabajar en los mismos asuntos que su padre, buscando fósiles primero en Etiopía y después en Kenia. Richard también había pasado momentos difíciles en su búsqueda, pero llevar el apellido Leakey y su extraordinaria habilidad en las relaciones públicas y la administración de proyectos, le sirvieron para conseguir fondos y hacer importantes descubrimientos. John Reader lo describe así:

> Luego de la muerte de su padre, en 1972, Richard recaudó fondos, creó instituciones y continuó con las investigaciones. [...] Richard ha sido llamado el genio organizador de la paleoAntropología moderna. Ha dirigido las investigaciones con un éxito extraordinario (John Reader, *Eslabones perdidos*).

En Nairobi, capital de Kenia, fundó un instituto para la investigación de la Prehistoria africana, que lleva el nombre de su padre.

En 1972, Richard descubrió un enigmático cráneo conocido como el "1470", en una localidad llamada Koobi Fora, en Kenia. En un principio se clasificó como *Homo habilis*, y se llegó a pensar que era más antiguo que el descubierto por su padre. Después de una intensa polémica, el cráneo fue rebautizado con el nombre y apellido que tiene hasta ahora: *Homo rudolfensis* (el Hombre del Lago Rodolfo).

Incansable, en 1984 Richard descubrió al Niño de Turkana, uno de los esqueletos más completos de *Homo erectus* que han sido rescatados hasta la fecha.

Imagen 15: *Homo erectus*.

Durante los años 80, más fósiles fueron localizados en Europa (*Homo georgicus*) y en China (*Homo erectus* de 600 mil años). *Homo georgicus* vino a demostrar que los humanos habían salido de África mucho antes de lo pensado, ya que hace casi dos millones de años ya andaban de paseo cerca de Rusia.

En 1983 fue descubierto en una cueva de Israel un neandertal con el hioides fosilizado, un cartílago de la laringe que proporciona información valiosísima sobre la capacidad anatómica de articular un lenguaje hablado, y que es muy difícil que fosilice.

Los años 90 revelaron muchas sorpresas. En 1993, paleontólogos y antropólogos españoles recuperaron paulatinamente restos humanos en la Sierra de Atapuerca (provincia de Burgos, norte de España). Un pozo de unos 12 metros de profundidad, localizado en el fondo de una cueva, reveló fósiles de 300 mil años. Algunos opinan que los cuerpos fueron amontonados en ese recóndito lugar para evitar la visita de carnívoros. Pero también suponen que fueron enterrados ahí, lo que implicaría un comportamiento ritual.

De acuerdo con el profesor Juan Luis Arsuaga, los fósiles clasificados como *Homo antecessor*, son únicos ya que se remontan a los orígenes de los neandertales.

Tabla 2. Especies del género Homo.

Especies	Descripción
Homo habilis	El presunto pionero, el miembro más antiguo de la familia.
Homo rudolfensis	Pariente cercano de *habilis*, ya que vivió en el mismo lugar y la misma época.
Homo ergaster	Antepasado directo de *Homo erectus*.
Homo georgicus	Uno de los primeros en abandonar África para aventurarse por el norte.
Homo erectus	Viajero que desde África conquistó Asia.
Homo antecessor	Posible antepasado de *heidelbergensis* y de neandertales, descubierto en España.
Homo heidelbergensis	Viajero que conquistó Europa.
Homo neandertalensis	Se adaptó a los climas más fríos en Europa y parte de Asia durante las últimas eras glaciales.
Homo floresiensis	Último miembro de la familia descubierto en Indonesia en 2003.
Homo sapiens	Único sobreviviente de la gran familia humana, ya que todos los parientes arcaicos son conocidos por los fósiles que nos heredaron.

El valioso yacimiento, que ha dejado perplejos a los científicos, es conocido como *La sima de los huesos*. En la misma Sierra de Atapuerca, otro equipo de especialistas españoles trabajó en el yacimiento conocido como *Gran Dolina*, donde están recuperando fósiles y herramientas de piedra que fueron abandonados hace 800

73

mil años. Con estas fascinantes revelaciones, el siglo cerraba con broche de oro.

Todo inició en 1860, unos veinte años antes de que Dubois desembarcara en Sumatra, y los científicos no sabían cómo clasificar a los pocos fósiles humanos que para entonces habían sido descubiertos. Darwin apenas había publicado su famosa teoría y el ambiente bullía con las nuevas y revolucionarias ideas.

A pesar de que Dubois no lograra su sueño, pues el escurridizo y misterioso eslabón perdido comenzó a revelar sus secretos hasta el año 2000, sí logró sentar las bases de la Paleo Antropología, rama que estudia a los humanos del pasado a través de sus fósiles. Ya en pleno siglo 20 esta ciencia tuvo momentos estelares ampliando la gran familia humana.

El conocimiento de nuestros antepasados se lo debemos a Lartet, a la familia Leakey, a los descubridores del Hombre de Pekín y el Hombre de Java, entre muchos otros científicos y aficionados que han dejado la vida en el campo desenterrando fósiles y estudiándolos en sus laboratorios con una paciencia infinita.

Esa búsqueda, que quizá no termine nunca y que iniciara con tanta ilusión Dubois en 1891, continúa hasta nuestros días, con equipos interdisciplinarios de especialistas y con la genética como una de las principales herramientas, para iluminar apenas ese oscuro y enigmático túnel que conduce hasta nuestros orígenes: ¿quiénes somos? y ¿de dónde venimos?, son preguntas que seguirán retumbando en nuestras cabezas por muchos años más.

Capítulo 5

CRÓNICA DE LA ARQUEOLOGÍA

La historia de la vida corresponde a una larga narración de millones de años, donde la evolución biológica ha sido la principal protagonista: los seres vivos se vieron obligados a adaptarse a las cambiantes condiciones ambientales (*los caprichos del clima*). La descripción de enormes periodos de tiempo necesariamente implica cambios en plantas y animales; los que no lograban adaptarse, simplemente se extinguían.

Nuestros antepasados experimentaron en carne propia los avatares del irascible temperamento climático del planeta, transformándose paulatinamente, adaptándose, para no dejar morir a la especie en el camino. Los diferentes miembros de la familia humana superaron la difícil prueba impuesta, hasta que ocurrió algo diferente: los humanos comenzaron a modificar a los ecosistemas, en lugar de que los ecosistemas modificaran a los humanos.

La historia se mueve entonces hacia una narración donde *la cultura* es la principal protagonista. El cambio biológico pasa a un segundo término y cede su lugar durante la Prehistoria; ahora es la *evolución cultural* lo que representa la característica distintiva de los grupos humanos. ¿Cómo se dieron esas características tan humanas, y cómo fue eso que llamamos *cultura*?

La Prehistoria y la Arqueología, con el apoyo de la Antropología, son algunas de las ciencias que se dedican a investigar el pasado remoto que la mayoría de las personas hemos ocultado en nuestro inconsciente, a pesar de ser nuestra propia historia (nunca podremos iluminar el presente si apagamos la luz del pasado).

A los profanos nos resulta difícil distinguir Arqueología, Prehistoria y Antropología, pues son muy parecidas. Pero, sin la intención de ofrecer una definición técnica, pudiéramos decir que la Arqueología se ocupa de recuperar y estudiar los restos materiales de los grupos humanos antiguos (restos de construcciones, cerámicas, etc.) y la Prehistoria de interpretarlos, en tanto que la Antropología se ocupa de estudiar al hombre pasado y presente.

Algunos descubrimientos arqueológicos han causado una tremenda explosión mediática, tales como la tumba del faraón egipcio Tutankamón; pero la mayoría de los estudios y hallazgos que van recuperando paulatinamente nuestro pasado remoto, son realizados por científicos más discretos: no salen en la 'tele' ni en los periódicos.

LA ANTROPOLOGÍA Y EL RACISMO

Para empezar, una mirada a la ciencia humana: la Antropología, palabra de origen griego que significa *estudio del hombre*, y que históricamente se entendió como estudio del hombre *primitivo*. Esta ciencia investiga a los seres humanos, y trata de explicar cómo nos hemos convertido en lo que somos. La Antropología considera dos aspectos en sus estudios: la parte biológica, conocida como Antropología Física; y la parte cultural, Antropología Social.

El escritor romano Plinio el viejo (23 – 79) en su libro *Historia naturalis*, describe una amplia variedad de "supuestas" *razas humanas*. La Antropología tiene muchos antecedentes, incluso desde tiempos remotos, pero uno de ellos, lo encontramos durante la Europa del Renacimiento. Los europeos se ocuparon de *catalogar* a los esclavos que eran comercializados, y medían el tamaño y la forma de la cabeza, pero también tomaban en cuenta el color de la piel y el pelo, entre otros aspectos.

Víctor Acuña Alonso, en su libro *Antropología física, racismo y antirracismo*, explica que desde sus orígenes la Antropología Física tuvo una fuerte carga ideológica y política intentando explicar la diversidad humana, para justificar la desigualdad social y la explotación económica.

Por otro lado, ignorando los prejuicios racistas, se puede decir que los primeros antropólogos que hicieron trabajo de campo fueron los misioneros católicos. Jaques Marquette (1637 – 1675) y Joseph Lafitau (1681 – 1746) fueron jesuitas que trabajaron en Canadá y Estados Unidos entre los siglos 17 y 18. Marquette recorrió y cartografió el río Misisipi y Joseph Lafitau publicó un estudio de los indios americanos y su cultura.

Paul Le Jeune (1591 – 1664) fue otro sacerdote jesuita misionero en Canadá. En 1624 se trasladó de Francia a Quebec y comenzó su labor religiosa y educativa. Entre 1633 y 1634 Le Jeune viajó a las tierras de los Montagnais (montañeses, conocidos como los innu) con la esperanza de convertirlos al catolicismo. No tuvo éxito, pero su descripción etnográfica y sus experiencias personales sobre el clima extremo, el hambre y los conflictos que encontró, fueron publicados en *Relaciones de los Jesuitas de la Nueva Francia de 1634*. Paul Le Jeune no solo estudió sino que transformó (para bien o para mal) la cultura de la población local: dejaron de ser nómadas, entre muchos otros cambios.

En México, el querido Bartolomé de Las Casas (1474 – 1566) escribió *Historias de Indias* en 1566 y dedicó buena parte de su vida a defender los derechos de los pueblos nativos. Fray Bernardino de Sahagún (1499 – 1590) fue autor de la primera descripción sistemática de un pueblo no europeo: los aztecas. Entre 1550 y 1570 la Iglesia Católica debatió en España si los indios americanos eran seres humanos.

De cualquier forma, la mayoría de los misioneros se dedicaron a escribir detallados informes sobre las costumbres y la cultura, en sus afanosos intentos por convertir a pueblos nativos: comienza el estudio de los grupos étnicos. Mientras esto sucedía, la Ilustración encendía Europa durante los siglos 18 y 19, con ideas tan revolucionarias para la época como la *Declaración de los Derechos Humanos* o la lucha contra la esclavitud de los negros, hasta entonces considerados una mercancía.

El ambiente bullía con nuevas ideas, y los intelectuales europeos del siglo 18 reflexionaban sobre la naturaleza fundamental de la humanidad. Al mismo tiempo, la Antropología Física intentaba justificar la explotación y el comercio de esclavos, con múltiples esfuerzos por clasificarlos para dar sentido a un concepto lamentable: las razas.

Durante el siglo 19 comenzaron las primeras batallas que enfrentarían los antiesclavistas del norte de Estados Unidos con sus vecinos del sur en una sangrienta guerra civil: muchos estadounidenses descendientes de europeos dudaban seriamente si los africanos eran personas *completamente humanas*.

Antropólogos como Edward Burnett Tylor (1832 – 1917) o Lewis Henry Morgan (1818 – 1881) fijaron su atención en la evolución humana. Adoptaron las ideas de Darwin e iniciaron la tradición que condujo a la Antropología moderna. Tylor visitó México en 1856, país que lo dejaría sorprendido por su riqueza cultural; con el tiempo publicó varios libros sobre las culturas primitivas.

Henry Morgan clasificó la evolución de las sociedades humanas en tres etapas: salvajismo, barbarie y civilización. Lo interesante de las obras de Morgan era que, en algunos aspectos como la propiedad de la tierra o el sentido de comunidad y la cooperación, él pensaba que los pueblos *primitivos* eran superiores a los *civilizados*.

A principios del siglo 20 se fundó La *Sociedad de Educación Eugenésica* (1907), con el propósito de "mejorar" la reserva de genes de la humanidad, mediante la reproducción de ciertos individuos. De Inglaterra se expandió a E.U. y a toda Europa donde pronto apareció la intención de lograr la pureza racial alemana, con las funestas consecuencias que todos conocemos.

Pero también en esos años fue que la Antropología adquirió el prestigio y renombre suficientes para entrar de lleno en las universidades. Solo por mencionar algunos, pues la lista sería muy extensa, tenemos a Bronislaw Malinowski (1884 – 1942), físico y matemático polaco, o Franz Boas (1858 – 1942), físico y geógrafo alemán. Dos figuras destacadas de la Antropología académica, pues ambos iniciaron cursos universitarios a la par de investigaciones de campo.

Se dice que Boas se esforzó por una cuidadosa Antropología Física, en contra de las falsas ideas que promueve la Eugenesia: la misma Antropología se transformó para arrinconar, con bases científicas, al racismo o la superioridad de la raza blanca. En lugar de hablar de "raza" con una fuerte carga peyorativa, se hablaba de "poblaciones en evolución", con argumentos basados en teorías, y se reconoce al mestizaje no como bueno ni malo, sino como un factor inevitable que favorece el intercambio genético y cultural.

El antropólogo más famoso del siglo 20 fue Claude Lévi-Strauss (1909 – 2009), el estudioso de los mitos, de la teoría del parentesco y del estructuralismo. Pasó largos periodos viviendo con las tribus nativas de la selva del Amazonas, en Brasil, entre 1935 y 1939. Para elaborar sus análisis, tomó en cuenta la Geología, el Psicoanálisis de Freud y los modelos sociales de Karl Marx.

Lévi-Strauss no solo destacó por sus análisis antropológicos y etnográficos, también tenía importantes habilidades literarias. Muchos de sus libros, como *Tristes trópicos* o *El pensamiento salvaje*, alcanzaron a un público no especializado que entró en contacto con importantes teorías que describen los fundamentos de la vida humana.

La Antropología Física actual reconoce la diversidad entre las poblaciones humanas (los orientales, los árabes o los negros somos diferentes), y tales diferencias motivan una gran cantidad de estudios, que no tienen el propósito de denigrar a los *otros*. Buscan conocer nuestra historia evolutiva, o los problemas de salud relacionados con condiciones particulares: las diferentes costumbres, la alimentación, el medio ambiente y, desde luego, el patrimonio genético.

Pero, si no existen las "razas", ¿cómo podemos explicar la diversidad de los grupos humanos actuales?, ¿por qué somos tan diferentes, física y culturalmente?

Desde la segunda mitad del siglo 20, los especialistas en genética disponen de tecnología para rastrear el origen evolutivo de los grupos humanos. A partir de análisis genéticos practicados en diferentes poblaciones de todos los continentes, ahora sabemos que todos los seres humanos actuales provenimos de un grupo pequeño, que vivió en África hace 150 mil años (teoría conocida como la Eva Negra).

Por lo tanto, el hombre moderno evolucionó en África y después se dispersó por todos los continentes. Desde entonces, los diferentes climas, la evolución y el mestizaje, han tenido suficiente tiempo para producir las diferencias físicas que vemos ahora: los orientales, los árabes o los negros somos ligeramente diferentes por fuera, pero por dentro nada nos distingue.

Pero también la Genética ha venido a demostrar que no hay "razas humanas": las diferencias en los genes y los cromosomas entre los grupos humanos son tan pequeñas e insignificantes, que no vale la pena considerar dichas ideas.

Los seres humanos, en todo el planeta, poseemos un patrimonio biológico heterogéneo y variado: no existe la pureza genética. La Antropología, como cualquier disciplina, va desterrando con argumentos los mitos que paradójicamente contribuyeron a fundarla, y en la actualidad se ha sacudido completamente los prejuicios del pasado.

Podemos afirmar, sin temor a equivocarnos, que todos los seres humanos pertenecemos a la misma 'familia' o *tribu humana*, en condiciones igualitarias somos de la misma especie, y nos enriquece la variedad y diversidad cultural de todos los miembros.

HISTORIA BREVE DE LA PREHISTORIA

La Prehistoria se dedica a estudiar el origen y pasado arcaico de los seres humanos, y se apoya en primer lugar (mas no de manera exclusiva) en las diferentes evidencias que va recuperando poco a poco la Arqueología. También trabajan con las estructuras sociales, las creencias religiosas o las lenguas, que no dejan 'restos' arqueológicos.

Imagen 16: Chrles Lyell.

A través de todos los medios que tiene a su alcance y en sintonía con la Antropología y la Arqueología, el prehistoriador busca investigar sobre el desarrollo primitivo de la cultura humana: ¿cómo vivían, cómo se alimentaban, cómo era la sociedad, las creencias o los rituales, qué pensaban de la muerte? entre muchos otros temas.

El profesor español Jorge Juan Eiroa, nos dice que la Prehistoria es la interpretación científica de la época en la que no existían testimonios escritos, y abarca desde hace dos y medio millones de años (época de las primeras herramientas de piedra), hasta la aparición de la escritura en Mesopotamia (actual Irak), aproximadamente en el año 3,200 a.C.

Como todas las ciencias sociales, la Prehistoria hunde sus raíces históricas en épocas lejanas: el poeta griego Hesíodo en el siglo 8 a.C., en su obra *Los trabajos y los días*, ya habla de la Edad del Bronce y del Hierro.

Imagen 17: Altamira.

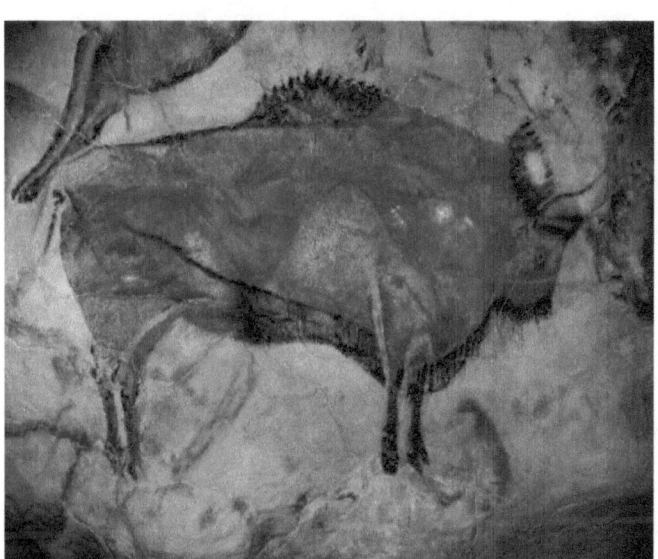

Pero fue en Francia, en una comunidad conocida como Abbeville, donde aparece un pequeño museo en 1844, el primero dedicado a los hombres prehistóricos. Tanto el museo como la excavación de las piezas halladas en el mismo, se las debemos a un funcionario de aduanas llamado Jacques Boucher de Perthes (1788 – 1868). Ferviente aficionado a la Prehistoria y la Arqueología, en 1846 publicó un libro titulado *Antigüedades célticas y antediluvianas*, el cual representa uno de los primeros intentos por crear una imagen de la época prehistórica.

En 1859, el geólogo Chrles Lyell, al frente de una comisión de expertos, viajó a Abbeville para analizar los descubrimientos de Jacques Boucher: confirmó que eran auténticos y muy antiguos. Ese mismo año, Darwin publicó *El origen de las especies*, y el mismo Charles Lyell otra obra no menos polémica: *La antigüedad del hombre probada por la Geología*.

TABLA 3. División del tiempo en la Prehistoria.

Edad de Piedra		
Paleolítico (edad de piedra antigua)	Paleolítico Inferior (inicia hace 2.5 millones de años)	Primeras herramientas de piedra. Los humanos salen de África para colonizar Asia y Europa. Dominio del fuego.
	Paleolítico Medio (180,000 – 40,000)	Los neandertales poblaron Europa durante la era glacial. Enterramiento más antiguo de neandertales.
	Paleolítico Superior (40,000 – 12,000)	Cromañón domina Europa. Aparece el arte rupestre y figuras talladas en piedra (las venus). Hay agujas de coser hechas de hueso.
Mesolítico	Edad media de piedra (12,000 – 10,000)	Adaptación a las nuevas condiciones climáticas: fin de la Era del Hielo. Aparecen el arco y la flecha.
Neolítico	Edad de la piedra nueva (10,000 – 4,000)	Desarrollo de la agricultura y la ganadería. Los grupos humanos abandonan la vida nómada y se vuelven sedentarios.
Edad de los Metales		
Calcolítico (edad de cobre puro)	En algunos lugares, como Siria, inició hace 7,500 años a.C.	El cobre fue el primer metal que usaron los hombres y que permitió sustituir las herramientas de piedra y hueso.

Bronce (aleación entre cobre y estaño)	Entre 2,800 y 900 a.C.	Es más duro que el cobre y requiere mayor temperatura para su fundición. Se preparaba con nueve partes de cobre por una de estaño.
Hierro	Era común en el Cercano Oriente hacia el 1,200 a.C.	Las armas elaboradas con hierro, más duro y más flexible, proporcionaban notoria ventaja a los guerreros.

Gabriel de Mortillet (1821 – 1898) fue otro estudioso de la Prehistoria durante el siglo 19, presidente de la Sociedad de Antropología de Francia, y autor del libro *La Prehistoria, antigüedad del hombre*.

Sin embargo, se cree que fue el británico Daniel Willson quien puso nombre a la *Prehistoria* en 1851 al publicar *Las Memorias Prehistóricas y Arqueológicas de Escocia*. En Dinamarca, el científico Christian Jurgensen Thomsen (1788 – 1865), recibió el encargo de organizar las colecciones que iban a formar parte del Museo Nacional de Copenhage, y para ello dividió los materiales en tres épocas: Edad de Piedra, del Bronce y del Hierro; el primer sistema organizativo y cronológico de la Prehistoria.

Otros libros reflejan el gran interés que ya existía a fines del siglo 19 por estos temas del pasado remoto. En España el geólogo y paleontólogo Juan Vilanova publicó *Origen, naturaleza y antigüedad del hombre* en 1872. Unos años después, en 1879, Marcelino Sanz de Sautuola (1831 – 1888) descubrió, por accidente, una obra de arte espectacular: las cuevas de Altamira, con bellísimas pinturas rupestres.

Uno de los científicos más famosos del siglo 20 fue Vere Gordon Childe (1892 – 1957), profesor de origen australiano. Recibió reconocimientos por todos lados y se dedicó a divulgar la Prehistoria: "amplía la historia escrita hacia el pasado y constituye un puente entre la historia humana y las ciencias naturales".

Si se trata de "un puente entre la historia humana y las ciencias naturales", entonces cabe preguntar ¿cómo manejan el *tiempo prehistórico* los especialistas? Desde los primeros intentos hasta la fecha, gracias a que las técnicas de investigación van mejorando, la organización de las etapas y las épocas en la Prehistoria ha pasado por muchos ajustes.

En términos generales, y sin entrar en detalles, las dos grandes divisiones en que se estructura la Prehistoria son la Edad de Piedra y la Edad de los Metales.

Las fechas que se presentan en la siguiente tabla son relativas y sirven solo para tener una referencia.

La edad de piedra más antigua, el Paleolítico Inferior, marca la primera revolución cultural iniciada por un grupo de 'primates' tan desarrollado, que fueron capaces de fabricar herramientas de piedra: *Homo habilis*, los primeros humanos.

Las pinturas más antiguas que se conocen, aproximadamente de 30 mil años, están en la cueva Chauvet, al sur de Francia. De acuerdo con el Dr. Jean Clottes, en su libro *La Prehistoria*, en el arte rupestre los animales son el tema más frecuente: caballos, bisontes, renos y mamuts. Son escasos los animales peligrosos como leones, rinocerontes u osos de las cavernas. Las figuras humanas también son pocas y resulta curioso que nunca dibujaran plantas o árboles.

Jean Clottes también nos explica que, cuando se depositan objetos junto a un cadáver, podemos deducir que se cree en una 'vida después de la muerte'. Los primeros seres humanos que lo hicieron fueron los neandertales, hace cien mil años.

Es fundamental considerar que el pensamiento mágico (representado en las pinturas) no se opuso al pensamiento científico. Durante el neolítico, los hombres dominaban la cerámica, el tejido, la agricultura y la domesticación de animales, actividades logradas después de muchos años de observación metódica y multitud de pruebas empíricas.

Pero lo más importante a tomar en cuenta es que nuestros antepasados, los hombres y mujeres que vivieron durante la *dilatada* prehistoria, sin lugar a dudas, eran iguales a los humanos actuales: tenían el mismo cerebro y por lo tanto sentimientos similares. Seguramente se preocupaban ante una posible hambruna, pensaban en la vida después de la muerte y experimentarían ternura al mirar a un recién nacido.

Compartimos con ellos la compasión, el afecto, la piedad, el dolor, el miedo y la tristeza. Tenían que buscar alimento, agua y refugio, y muchos murieron ante los peligros que la naturaleza les tenía reservados. El mundo era cruel, duro, implacable y extremo, pero era su mundo, lo transformaron y lo conquistaron; de lo contrario, no estaríamos aquí.

DESENTERRANDO LA ARQUEOLOGÍA

Los arqueólogos no se dedican a buscar tesoros a la manera de *Indiana Jones* (la famosa serie de películas de aventuras). Se ocupan de rescatar la historia de las personas y su cultura. Estos científicos han desarrollado técnicas para realizar excavaciones, que permiten recuperar la evidencia que ha sobrevivido al paso del tiempo, estableciendo fechas y analizando el material dejado por la gente en el pasado.

La familia humana ha existido por más de dos millones de años, pero apenas hace cinco mil nuestros antepasados comenzaron a dejar testimonios escritos de la vida cotidiana. Por lo tanto, cerca del 99% de nuestra historia permanece oculta en el pasado prehistórico, fuera del alcance de la mayoría de las personas y hasta de los historiadores, y solo los arqueólogos pueden recuperar ese remoto e inaccesible legado.

Uno de los precursores de esta ciencia fue el historiador Flavio Biondo (1392 – 1463). Trabajó bajo las órdenes de los papas Eugenio IV y Pío II, y se dio tiempo para escribir una guía ampliamente documentada sobre 'sitios arqueológicos de la Roma antigua'.

Flavio Biondo también trabajó en la conservación de ruinas, y se dice que fue el primero en dividir la historia en tres periodos: Edad Antigua, Edad Media y Edad Moderna. Otro precursor fue Ciriaco de Ancona (1391 – 1453): viajó por todo el mediterráneo oriental escribiendo sobre sus descubrimientos arqueológicos. Junto con Biondo, es considerado uno de los fundadores.

Pero también encontramos cosas interesantes entre los anticuarios del siglo 17. Desde 1606, destaca la colección de Ferdinando Cospi (1606 – 1686) en Bolonia, Italia, o el museo de Ole Worm (1588 – 1655), entre otros *"gabinetes de curiosidades"*, como se les conocía y que resultaron ser los antecesores de los museos actuales.

Cospi, senador italiano y funcionario de la aristocracia de su época, fundó su *Museo Cospiano*, en 1667 y publicó un catálogo con las piezas de su colección en cinco volúmenes, tres de los cuales estaban dedicados a piezas arqueológicas.

Por su parte, el médico danés Ole Worm tuvo que trabajar en Copenhague apoyando a los enfermos durante la epidemia de peste negra que asoló Europa durante el siglo 17. Además de la medicina, Worm tenía muchos intereses como la literatura escandinava, los fósiles o los minerales, por lo que se dedicó a coleccionar objetos de valor arqueológico que exhibía en su museo.

Desde mucho tiempo antes hubo intentos por rescatar los vestigios prehistóricos. Los musulmanes de la edad media estaban interesados por recuperar su pasado pre-islámico, y realizaron muchas excavaciones en Mesopotamia y en el antiguo Egipto.

La egiptología también tiene un recorrido muy largo. Los primeros catálogos sobre los monumentos y los primeros intentos conocidos por descifrar los jeroglíficos datan del siglo 9. El historiador egipcio Al-Idrisi (? − 1251) escribió un libro con descripciones de las pirámides y sus jeroglíficos, y tanto las excavaciones como los estudios no han parado desde entonces.

Lo mismo sucedió en China: el poeta e historiador Ouyang Xiu (1007−1072) recopiló un catálogo de piezas arqueológicas. En México se sabe que las culturas precolombinas tenían un fuerte interés por su pasado.

Fue el coleccionismo de objetos antiguos lo que favoreció el desarrollo de esta incipiente Arqueología, pero lamentablemente también motivó el saqueo y el expolio de piezas valiosas. Muchos museos de Europa, entre ellos el Museo Vaticano, contienen las más importantes obras de arte antiguo procedentes de Turquía, Irak, Egipto, así como Perú y México.

Las primeras excavaciones sistemáticas tuvieron que esperar hasta el siglo 18: comenzaron en 1738 en Herculano, y en 1748 en Pompeya, dos pequeñas ciudades en la costa italiana, cerca de Nápoles. Habían sido sepultadas por la bestial erupción del volcán Vesubio en el año 79 d. C. La gruesa capa de cenizas las cubrió completamente durante muchos años, a tal grado que se desconocía su localización exacta y nadie se acordaba de ellas.

Fueron descubiertas por un español originario de Zaragoza de nombre Roque Joaquín de Alcubierre (1702 − 1780). Mientras estaba ocupado en obtener el grado de Oficial en el Cuerpo de Ingenieros Militares, fue enviado a Nápoles en 1734 para realizar trabajos relacionados con la conducción del agua. Dos años más tarde, ya nombrado capitán, estaba trabajando en la edificación y ampliación de un palacio real, cuando supo que la gente del lugar solía encontrar piezas antiguas; también recordaba un pozo donde habían visto cimientos de edificios muy viejos.

Pidió autorización a sus superiores para iniciar excavaciones, y el entonces Rey de Nápoles, Carlos de Borbón y futuro Carlos III de España (1716 – 1788), lo nombró personalmente como encargado de los trabajos y promulgó una Real Orden, con fecha del 13 de octubre de 1738. Ninguno de los participantes tenía idea de lo que encontrarían: los restos arqueológicos de las olvidadas Pompeya y Herculano.

Recuperó piezas de gran valor como esculturas de mármol y bronce, además de objetos de la vida cotidiana, y pinturas en las paredes de los edificios. Al poco tiempo de iniciados los trabajos, apareció el teatro de la ciudad de Herculano, y en una lápida estaba escrito en latín el nombre del arquitecto: Publio Numisio.

El descubrimiento de dos ciudades, prácticamente intactas y sepultadas por capas de lava y cenizas, marcaría el futuro de las investigaciones sobre Roma y la recuperación de restos arqueológicos.

La tragedia que sepultó ambas ciudades sucedió el 24 de agosto del año 79 de nuestra era. Sus habitantes murieron sin sufrir daños aparentes (pocos estaban aplastados o lesionados), y la mayoría parecían haber perdido la vida mientras dormían.

Hoy se sabe que de las muchas erupciones del colérico volcán Vesubio (la última ocurrida apenas en 1944), la del año 79 fue en cierta forma atípica, pues expulsó un infierno que los vulcanólogos denominan *oleadas de flujos piroclásticos*: una nube densa de polvo y ceniza ardiendo, que desciende del cráter a gran velocidad con una temperatura cercana a los 100 grados.

Una vez iniciada la erupción, la población podía haberse marchado caminando, pero no sabían lo que estaba por suceder. Cuando los alcanzó la nube de *flujos piroclásticos*, la peligrosa niebla vomitada por el volcán, les quemó la piel y les llenó la boca, la nariz y los pulmones de polvo hirviendo.

Por esa razón, daban la impresión de que habían estado durmiendo, pues cayeron al suelo intentando defenderse del aliento abrazador del volcán. La nube se fue tan pronto como había llegado, y dejó atrás a sus víctimas que murieron calcinadas mientras se esforzaban por respirar. La capa de ceniza alcanzó cuatro metros de altura sepultando a las dos ciudades, por más de mil años.

La infortunada erupción del Vesubio causó muchas muertes, se calcula que perdieron la vida cerca de 10 mil personas. Pero gracias a que Alcubierre iniciara las excavaciones en el siglo 18, se han recuperado valiosas piezas de arte, así como importantes testimonios de la vida cotidiana de los romanos de aquella época: detalles de los baños públicos, el templo y culto de Apolo, o el pago de impuestos, entre otros.

Durante la época de Alcubierre, un extraño personaje visitó la zona. Gracias a las críticas y sugerencias de Johann Joachim Winckelmann (1717 – 1768), las futuras excavaciones arqueológicas mejorarían notablemente.

Resulta difícil pensar que la historia lo haya distinguido como el *Padre de la Arqueología Clásica*, pues su nombre está más vinculado a la Historia del Arte, y es considerado como el fundador de esa disciplina. Tampoco se conocen descubrimientos arqueológicos realizados por él, ni siquiera innovadores métodos de excavación para la recuperación de objetos valiosos. Entonces, ¿por qué es considerado como un personaje tan destacado de su época?

Winckelmann fue hijo de un zapatero, y vivió una infancia con muchas limitaciones. Intentó sin éxito estudiar tanto teología como medicina. Sin embargo, fue en uno de sus empleos donde encontró su verdadera vocación: encargado de la biblioteca de un noble alemán, la lectura de textos clásicos lo convirtió en un profundo enamorado del mundo antiguo.

Los anticuarios con sus 'gabinetes de curiosidades', solo se dedicaban a coleccionar esculturas, sarcófagos, instrumentos, cerámicas y diversos objetos de la vida cotidiana. Pero detrás de esas colecciones no había análisis, ni clasificación, y menos aún intentos por establecer la fecha ni el contexto en el que habían sido realizadas las obras de arte. Ni siquiera se distinguía entre Grecia y Roma, pues las esculturas estaban todas revueltas.

Winckelmann puso orden, pues además de fechar, clasificar y elaborar detallados estudios, motivó que tanto las piezas arqueológicas como los monumentos fueran tratados como 'obras de arte', y como testimonios vivos de la cultura y la civilización que los había creado.

Por un lado, este enigmático personaje sentó las bases para el análisis del mundo clásico (Historia del Arte); pero también transformó la investigación de los objetos antiguos para elaborar estudios sistemáticos, y así clasificar las obras arqueológicas recuperadas, en categorías y estilos que han servido de guía para la reconstrucción del pasado (Arqueología).

Esto permitió –por primera vez– emitir juicios históricos para dejar atrás los criterios personales y empíricos. Por esta razón,

Winckelmann puede considerarse como uno de los fundadores la Arqueología.

Terminamos el siglo 18 con una expedición memorable para la historia. El belicoso Napoleón Bonaparte (1769 – 1821), resolviendo asuntos militares en Egipto, no perdió el tiempo y ordenó a sus soldados que realizaran excavaciones en las milenarias arenas del desierto, convirtiéndose en la primera expedición arqueológica fuera de Europa, y donde se descubriera la mítica *Piedra Rosetta*.

El calendario señalaba el 15 de julio del año 1799. Los soldados franceses tenían la encomienda de reforzar las defensas de un fuerte situado a unos pocos kilómetros del puerto egipcio de Rashid (traducido como "Rosetta"), cuando un soldado de apellido Bouchard descubrió una gran placa de piedra con inscripciones en una de sus caras. La piedra fue transportada a El Cairo por el mismo Bouchard, para que fuera examinada por la 'comisión de expertos' que acompañaba a los militares, y también fue examinada más tarde por el mismo Napoleón.

El valioso hallazgo era parte de una *estela*, una placa de piedra que se colocaba vertical sobre el suelo, y que normalmente contenía escritos relacionados con eventos conmemorativos o asuntos oficiales. Ahora sabemos que en la piedra estaba escrito un decreto de Ptolomeo V.

Egipto había sido conquistado por los griegos, específicamente por Alejandro Magno. Una vez muerto el gran conquistador griego, en el año 323 a.C., uno de sus generales, de nombre Ptolomeo, se hizo con el poder en la parte egipcia del Imperio. Terminó proclamándose Rey de Egipto, y fundó la dinastía de los Ptolomeos que duraría cerca de tres siglos.

Ptolomeo V heredó el trono siendo un niño de apenas cinco años. Gracias a los ejércitos romanos, este *niño emperador* no perdió el poder a manos de sus funcionarios, cegados por la ambición. Cuando los romanos se marcharon de Egipto, Ptolomeo V ya tenía edad para gobernar, y el acontecimiento quedó grabado en una *estela* tallada para la ocasión (la cual sería recuperada dos mil años después por el soldado de Napoleón).

Lo interesante de esta piedra, es que el mencionado decreto está escrito en tres lenguas diferentes: jeroglíficos egipcios antiguos, demótico y griego antiguo. La más conocida forma de escritura egipcia, corresponde a los famosos jeroglíficos. Con el tiempo evolucionaron y se simplificaron, convirtiéndose en *demótico*; más fácil de escribir y de uso común en documentos administrativos.

Con el invaluable aporte de la Piedra Rosetta, escrita en tres lenguas, fue que Jean-Francois Champollion (1790 – 1832), apoyándose en el griego antiguo y en el demótico, en 1822 pasó a la historia como el filólogo y egiptólogo francés, que logró descifrar el sistema de jeroglíficos egipcios.

La codiciada piedra, botín de los militares franceses, se encuentra en manos de otros especialistas con gran experiencia en el pillaje y saqueo internacional de piezas arqueológicas: actualmente está en el Museo Británico, ya que fue confiscada por las tropas de ese país a los generales franceses. Sin embargo, por lo menos algo bueno salió de la invasión a Egipto; le debemos a Napoleón, y su afán imperialista, el desciframiento de los antiguos jeroglíficos.

Los siglos 18 y 19 representaron una revolución cultural, histórica y filosófica, que amplió, en todos los sentidos, la visión que tenían los hombres de esa época, sobre la historia antigua. Pero no solo Napoleón dejarían una profunda huella en la búsqueda de las civilizaciones del pasado; un comerciante alemán, realizó impensables descubrimientos inspirado por los poemas de Homero.

SCHLIEMANN EN TROYA

Existe una pequeña península en el sur de Europa, bañada por el Mediterráneo y el mar Egeo. Su nombre oficial es República Helénica, pero la conocemos simplemente como *Grecia*. Nuestras ideas sobre política y democracia, arte, ciencia y filosofía, hasta la teoría atómica y las olimpiadas, surgieron en la antigua Grecia.

Una de las épocas más lejanas de la civilización griega es conocida como Edad Micénica (desde 1,400 a.C. hasta el 1,100 a.C.): la ciudad más próspera durante dicho período fue Micenas. Los griegos posteriores consideraban que aquellos tiempos habían sido gloriosos y épicos, ya que los hombres habían realizado impresionantes hazañas, en compañía de unos mortales que, según la leyenda, eran 'hijos de los dioses'.

Entre otras historias bellísimas, hay una en la que se cuenta que Jasón logró penetrar desde el Mar Egeo hacia el Mar Negro, en un barco llamado Argos (impulsado por cincuenta remeros conocidos como *los argonautas*). Superando multitud de peligros, traiciones, hasta tentaciones y obstáculos inimaginables, lograron apoderarse de un codiciado tesoro enviado por los dioses, y con poderes mágicos: *el vellocino de oro* (se le dice vellocino a la lana que se obtiene de un carnero).

El Mar Negro es como un inmenso golfo rodeado por países tanto de Europa como de Asia, conectado al Mar Egeo (y al Mediterráneo) por dos canales: Dardanelos y Bósforo. Las rutas del comercio entre Asia y Europa implicaban cruzar por mar o por tierra el Helesponto, actual Dardanelos, controlado en aquella remota época por los troyanos, quienes se enriquecieron por administrar la estratégica ruta de comercio.

Actualmente, las costas de los canales que conectan el Mar Negro con el Egeo pertenecen a Turquía (tanto la parte asiática como una pequeña porción correspondiente a la parte europea). Pero en aquella época eran controlados por Troya, una ciudad situada en Asia Menor y que en la actualidad corresponde al noreste de Turquía.

FIGURA 4. Bósforo y Dardanelos.

Pues llegó el momento en que los griegos de la ciudad de Micenas se rebelaron contra el alto costo del peaje para cruzar los canales hacia el Mar Negro. Aprovechando el secuestro de una reina griega, tomaron el canal por la fuerza y además invadieron la ciudad de Troya y la destruyeron, aproximadamente en el año 1,200 a.C. Troya también es conocida como *Ilión*, y es

91

precisamente *La Iliada*, ese gran libro épico escrito por Homero, donde nos cuenta sobre la guerra que la destruyó.

¿En verdad existió una ciudad conocida como Troya?, ¿fue destruida por una guerra?, ¿existió un caballo de madera con soldados escondidos en su 'panza'?

Hace ya nueve años que los griegos y los y troyanos libran una apocalíptica guerra, iniciada desde el día en que Paris, un joven príncipe troyano, secuestró *por amor* a la bellísima Helena. Lacerados en lo más profundo de su orgullo, los griegos (y el esposo de Helena, el Rey Menelao), juraron vengar la terrible ofensa.

Está por terminar el noveno año de la guerra, los ejércitos griegos tienen sitiada la ciudad de Troya, y Paris aún retiene a Helena como su esposa. A pesar de estar protegida por gruesos muros de piedra, que parecen inexpugnables, Troya se encuentra al límite de su resistencia.

De pronto, de la manera más inesperada, los griegos se retiraron, abandonaron su campamento de guerra.

Los troyanos, confundidos, exploran las tiendas vacías, y descubren con sorpresa que reposa abandonado un enorme caballo de madera (con guerreros griegos escondidos en su vientre). Sin imaginar que pactaban una cita con la muerte, sellan su destino e introducen la enorme bestia al interior de sus murallas de piedra; llega la noche, los guerreros salen de su escondite y la ciudad de Troya muere con las llamas.

Imagen 18: Caballo de Troya.

Algunos pocos troyanos lograron escapar y… "fascinados por las costas itálicas, la estirpe del troyano Eneas, hará surgir una nueva ciudad que irradiará luz al mundo: si Troya fue mortal, Roma será llamada eterna". Con estas palabras termina la película *La guerra de Troya* (1961), basada en *La Iliada*.

El libro de Homero narra muchas intervenciones de los dioses, quienes incluso en ocasiones se unen al combate para cambiar el destino de una batalla. La ciudad de Troya y sus murallas cayeron en el más absoluto olvido después de la guerra, al grado que durante siglos se pensó que los poemas y relatos de Homero eran leyendas propias de la literatura, pero nunca relatos históricos.

Johan Ludwig Heinrich Julius Schliemann, conocido simplemente como Heinrich Schliemann (1822 – 1890), fue un comerciante alemán que leyó con pasión los relatos de Homero durante su juventud: soñaba con *La Iliada* y el caballo de Troya, el rey Agamenón y el guerrero Aquiles, la bella Helena y las enigmáticas visiones de Casandra.

Su padre fue un pastor de la iglesia protestante, y fue él quien indujo al joven Heinrich en la lectura de las obras griegas. Por lo tanto, Schliemann estaba convencido de que los relatos de Homero eran ciertos (exceptuando lo referente a los dioses y sus asuntos, desde luego), y que existían las ruinas de una Troya histórica.

En los negocios fue un comerciante y un empresario muy hábil: empezó como empleado en una tienda y terminó comprando y vendiendo productos en Cuba, Rusia, Polonia y Estados Unidos. En pocos años de trabajo incansable, acumuló suficiente dinero para estudiar Arqueología y griego, y para realizar excavaciones en Turquía con la intención de hallar los restos de la ciudad olvidada.

Se divorció de su esposa rusa y se casó con una bella joven griega. Después de una tediosa espera para recibir la autorización oficial que les permitiera realizar excavaciones, en 1870, Heinrich y su esposa Sofía, iniciaron la búsqueda en una pequeña aldea llamada Hissarlik al noroeste de Turquía. Sus lecturas y sus análisis le hacían suponer que unos pequeños montículos podían albergar su más grande anhelo.

Schliemann descubrió unas ruinas, y al poco tiempo se dio cuenta de que eso era un gran *tiradero*: desenterró vestigios de diferentes épocas, y de diferentes ciudades. En cuanto una era destruida se construía otra encima, pero quedaban los cimientos de la anterior. Encontró varias capas o estratos, con restos de nueve metrópolis perdidas en el abismo de tres mil años de historia, que nadie en su tiempo podía imaginar.

Entre tantas ruinas, una que había sido destruida por un incendio y que fuera catalogada por los arqueólogos como *Nivel*

VII, coincidía con los relatos de Homero. Fue en 1873 cuando Schliemann descubrió objetos de oro y joyas en dicho nivel: el *Tesoro de Príamo* (rey de Troya durante la guerra, según Homero).

En 1876 Schliemann se trasladó a Grecia. También realizó excavaciones en Micenas, hogar de los responsables de la destrucción de Troya. De nuevo tuvo suerte, pues descubrió cinco tumbas con varios cadáveres, y una colección de objetos de oro y bronce que seguramente sirvieron en rituales funerarios. El más importante de sus descubrimientos en Micenas, fue la famosa *Máscara de Agamenón*. Aunque tiempo después se demostró que no había pertenecido al Rey Agamenón, ya que era más reciente.

Muchos investigadores y arqueólogos criticaron severamente sus métodos de excavación, y lo acusaron de haber falsificado pruebas. Tuvo que enfrentar violentísimos debates de alcance internacional, para defender sus hallazgos.

Pero gracias a él y a los arqueólogos que trabajaron después de su muerte, conocemos muchos detalles históricos sobre los griegos de aquellos lejanos días de la Guerra de Troya. ¿Qué fue del tesoro? ¿Dónde están actualmente las joyas y el oro?

Heinrich Schliemann murió en 1890 durante un viaje a Nápoles. Su esposa Sofía recuperó su cuerpo y lo trasladó para ser velado en su amada Grecia, donde descansa en paz desde entonces.

Su colección, después de enormes disputas entre varios países, fue enviada al Museo de la Prehistoria de Berlín, donde sobrevivió a la Primera Guerra Mundial, pero no a la Segunda. Después de permanecer sepultados por más de mil años, los valiosos tesoros desaparecieron, y nadie conoce su paradero.

Lo que no se perdió fue el legado de este hombre extraordinario, que con la ayuda de su esposa Sofía, sacó de los terrenos de la ficción a la mítica Troya, y tuvo la osadía de ponerla en un lugar destacado en la historia del mundo clásico.

Pero no todo fue maravilloso en la Arqueología del siglo 19, hubo algunas pérdidas y otros desastres por ignorancia y por falta de técnicas adecuadas en las excavaciones. Sin embargo, el robo y saqueo de piezas de gran valor, y sin la menor intención histórica o cultural, caracterizaron el 'nefasto' fin del siglo 19.

- Giovanni Battista Belzoni (1778 – 1823) fue un italiano de muy escasa cultura, que se dedicó al contrabando de antigüedades. Transportó desde Egipto hasta Londres una enorme escultura de piedra, el busto de Ramses II, que actualmente se puede apreciar en el 'ignominioso' Museo Británico.

- El alemán Karl Richard Lepsius (1810 – 1884), fue lingüista, fundador de la egiptología, además de profesor en la universidad de Berlín y un gran y destacado destructor del patrimonio egipcio: no tuvo ningún reparo en dinamitar monumentos, como la tuba de Seti I, para apoderarse de las piezas que contenía en su interior. El Museo de Berlín debe a este ilustre y despreciable 'pillo', buena parte de su colección egipcia.

- Bernardino Drovetti (1776 – 1852), fue abogado y diplomático italiano. Sin el menor cuidado, los bestiales hombres que estaban a su cargo, destruyeron y removieron fragmentos de templos con inscripciones o bajorrelieves. El museo de Louvre en París y el Museo Egipcio de Turín, exhiben 'sin pena ni remordimiento', las piezas robadas por el infame Drovetti.

Antes de que terminara el caótico siglo 19, con saqueos, robos y salvajes e inconscientes destrucciones del *patrimonio cultural de la humanidad*, comenzó a tomar forma en las tierras de Canaán, una importante rama de la Arqueología que se mantiene muy activa hasta nuestros días, con gran cantidad de exploraciones, estudios y dantescos debates.

ARQUEOLOGÍA BÍBLICA

La investigación sobre el pasado en Tierra Santa (Israel y Palestina antiguas, y sus vecinos Líbano, Siria y Jordania) ha sido tradicionalmente considerada como Arqueología Bíblica. Desde sus inicios, estuvo salpicada por enormes complicaciones y rudas controversias, por el anhelo de comprobar que Las Escrituras se basan en hechos históricos (o son producto de la *imaginación*). Todo lo anterior, en el libro más influyente de la historia occidental: la Biblia.

La Arqueología Bíblica, a diferencia de lo que ocurría en sus inicios, actualmente no busca desenterrar evidencias para demostrar la verdad sobre el Antiguo Testamento. Busca recuperar, de manera sistemática, materiales que permitan conocer la historia y la cultura antiguas de Israel, al mismo tiempo que se hacen descubrimientos que sirven para entender mejor los 'textos sagrados', aunque también hay otros que son valiosos y que no tienen relación alguna con los mismos.

Hablar de religión siempre resulta complicado, y la situación se pone terrible cuando se trata de analizar *científicamente* cualquier aspecto sagrado; la polémica puede llegar a niveles peligrosos por los irracionales extremistas en ambas canchas, a favor y en contra. La Arqueología Bíblica es una ciencia, y como tal, tiene que respetar principios y métodos. Pero al mismo tiempo, los arqueólogos son seres humanos y pueden tener las creencias que más agraden a su corazón (sin mezclarlas con su trabajo, claro).

Muchos consideran que los textos de la Biblia tienen bases históricas que no solo demuestran que ocurrió realmente lo narrado (reyes, lugares y batallas), sino que son acontecimientos que refuerzan su *fe*.

Investigadores de todos los ámbitos se han dedicado al estudio de los elementos históricos vinculados al judeocristianismo, pues resulta ser un tema fascinante, controvertido, y con muchas aristas por todos los ángulos que se le mire. Además de los restos arqueológicos, los exploradores del 'espinoso' tema, tienen que tomar en cuenta diversos aspectos: mitos, creencias, costumbres y documentos históricos como los Rollos del Mar Muerto y, desde luego, la Biblia.

Entonces surge el dilema: ¿es un libro histórico?, ¿en verdad existieron Abraham, Isaac y Jacob?, ¿fundaron estos patriarcas el pueblo y la religión de Israel? Una de las figuras que más controversia desata: ¿existió Jesús?, ¿el fundador del cristianismo fue un personaje histórico?

Según el Génesis (palabra griega que significa "origen"), todo comenzó con la creación del mundo y los primeros humanos: Adán y Eva. Un descendiente directo de Adán y Eva fue Noé (el protagonista del diluvio), y un descendiente de Noé, llamado Taré, dice el Génesis que tomó a su hijo Abraham, a su nieto Lot y a su nuera Sara, y partió con ellos de *Ur de los caldeos* para ir a la "tierra prometida": Canaán (antiguo nombre de Palestina, pero Canaán también es un nieto de Noé).

Abraham y su familia hicieron un largo recorrido por varias ciudades, para establecerse finalmente en Hebrón, hoy Israel. En esa ciudad, el patriarca Abraham compró tierras y está enterrado desde su muerte (aproximadamente por el año 2,000 a.C.).

Abraham tuvo que emigrar temporalmente a Egipto, porque su pueblo padeció hambre. De regreso en Canaán, enfrentó una prueba muy dura e inexplicable, pues Dios le pidió que sacrificara a su único hijo, cosa que por fortuna *no sucedió*. Semejante intento de sacrificio humano ha puesto en jaque a judíos y cristianos durante siglos, por la crueldad del acto.

Dicho hijo de Abraham es Isaac, y el hijo de Isaac y nieto de Abraham es Jacob, quienes son considerados los Padres del pueblo y la religión de Israel. En uno de los pasajes más enigmáticos de la Biblia, cuando Jacob regresaba del norte, se quedó solo y un ángel luchó con él toda la noche. Al amanecer, le tocó y le dislocó la cadera para terminar la pelea, y le dijo que ya no se llamaría Jacob sino *Israel*, nombre que tiene varios significados, pero uno de ellos es: *quien lucha con Dios*.

De los hijos de Jacob surgieron las diez tribus de Israel que poblaron Canaán. En otra época de hambre, los hijos de Jacob tuvieron que migrar nuevamente a Egipto, donde permanecieron cerca de 4 siglos sometidos por los faraones. Hacia el año 1,250 a.C., Moisés libró a los israelitas, y partieron de regreso a Canaán en un viaje por el desierto que duró cerca de 40 años. Llegaron y descubrieron que la Tierra Prometida estaba ocupada por otros pobladores conocidos como *los cananeos*.

El ejército judío, al mando de Josué, conquistó nuevamente Canaán para los israelitas. Para conseguir esto, pidió a Dios que detuviera la marcha del Sol para no posponer la batalla hasta el día siguiente. Con el sonido de trompetas –y la ayuda divina–, lograron derribar las murallas de Jericó: la ciudad fue tomada y despojada.

A partir de entonces, la Biblia describe a los Jueces (Saúl, David, Salomón) que fueron los gobernantes del pueblo. Para el año 1,000 a.C., los israelitas formaron dos reinos: Israel en el norte y Judea en el sur. El Templo de Jerusalén fue construido por el Rey Salomón en Judea, entre los años 970 y 930 a.C.

Aproximadamente por el año 722 a.C., el ejército asirio, bajo las órdenes de Salmanasar V, destruyó la ciudad de Samaria, y borró del mapa a Israel (el reino del norte). Sus habitantes fueron desterrados y ahora los recordamos como *las 10 tribus perdidas de Israel*.

El reino del sur, Judea, no se salvó de los ejércitos asirios, y se cree que por el año 701 a.C. Jerusalén fue destruida; desaparecen todos los templos y solo queda uno: el Templo de Jerusalén.

Presionados por los ejércitos egipcios, quienes recuperaban ánimo y fuerzas por esas fechas, los asirios conquistadores se retiraron. El Templo de Jerusalén quedó en ruinas, pero el Rey

Josías lo reconstruyó en el año 622 a.C., y los israelitas vivieron tranquilos y se dedicaron a sus ritos sagrados.

Ahora ya no fueron los asirios, pero sí los caldeos, quienes atacaron al reino de Judea (recordemos que Abraham salió de *Ur de los caldeos*). Corría el año 597 a.C. cuando Senequías, el Rey de Judea, fue obligado a abdicar, y el rey Nabucodonosor lo reclamó exiliado en Babilonia, acompañado de ciudadanos y funcionarios. Apenas unos años después, en el 586 a.C., Nabucodonosor, intolerante ante una nueva rebelión en Judea, ordenó a su ejército incendiar el Templo hasta convertirlo en cenizas y destruir Jerusalén.

Imagen 19: Escaleras en Jericó, Palestina.

En esa época de exilio, el profeta Ezequiel convenció a los sabios judíos para que terminaran de organizar los viejos papiros con las historias y leyendas de su pueblo, y así comenzaron a tomar forma los primeros libros de la Biblia, tal y como los conocemos ahora.

Tuvieron que pasar algunos años para que los exiliados israelitas pudieran regresar a Canaán. En el año 539 a.C. sucedió que Ciro, el Rey del Imperio Persa que estaba en franca expansión, derrotó al poderoso imperio babilónico y liberó a los judíos. Recuperaron su libertad y reconstruyeron el Templo de Jerusalén en el año 520 a.C. En esa época, los israelitas se dividieron y formaron grupos o sectas tales como los saduceos o los fariseos.

Sin embargo, el Imperio Persa tenía los días contados. Los griegos, al mando de un joven militar que hasta la fecha sigue inspirando historias y producciones cinematográficas, pronto levantarían un imperio de proporciones míticas, y aunque nadie se ocupaba de los romanos en esos azarosos tiempos, algunos años después darían el golpe de gracia definitivo a todo el mundo clásico para transformar de una vez y para siempre, a toda la región con sus emperadores, su ejército y sus leyes.

Alejandro Magno, el joven militar griego que con un ejército pequeño logró derrotar al gigantesco Imperio Persa, conquistó sin dificultad Judea y Egipto en el año 332 a.C. Sin embargo, murió unos años más tarde en extrañas circunstancias, y sus generales se repartieron los dominios del conquistador.

Las tierras de Canaán quedaron gobernadas por Seleuco I, quien estableció el Imperio Seléucida. Un descendiente de este gobernante, llamado Antíoco IV, subió al poder en 175 a.C. y, entre otras cosas, se dedicó a tratar de imponer la cultura helénica –por la fuerza– a los atribulados israelitas: destruyó Jerusalén (*por enésima vez*) y les prohibió practicar sus ritos religiosos. Los judíos se revelaron, encabezados por los famosos *hermanos macabeos*.

La muerte de Antíoco IV marcó prácticamente el fin del Imperio Seléucida (sobrevivieron otra temporada pero quedaron muy débiles), y los macabeos establecieron un reino que, para su mala suerte, duró poco. Todo terminó en el año 63 a.C., cuando el Emperador Pompeyo conquistó la región, convirtiéndola en una provincia sometida por Roma.

El Rey Herodes de Jerusalén, al amparo de Roma, reconstruyó el templo. Pero los judíos no lo querían, a pesar de que intentó ganarse su confianza, por no ser judío sino idumeo, y por mantener al pueblo como súbditos de Roma. Idumea, población localizada al sur de Judea, había sido obligada a convertirse al judaísmo por la fuerza, así que había una notoria enemistad entre ambos pueblos.

Para evitar que su reino fuera reducido a polvo y escombro, Herodes tuvo que enfrentar dos circunstancias extremadamente peligrosas, ya que siempre estaba presente la intolerancia de Roma ante cualquier rebeldía de los judíos: por un lado, en cualquier momento podía destacar uno de tantos *mesías* que en esa época salían hasta en la sopa; pero, por otro, estaba latente la reanimación de los grupos abiertamente subversivos como los *celotes*, dispuestos a tomar las armas. Tanto los mesías como los subversivos le prometían al pueblo judío liberarlo de todos sus problemas y, sobre todo, de la opresión romana.

El Rey Herodes murió tranquilo, sin grandes sobresaltos. Por el año 4 a.C., sus hijos gobernaron con poco éxito y muchos problemas. Jesús, el Mesías, fue crucificado posiblemente en el año 29 o 30 de nuestra era, por representar una amenaza tanto para los sacerdotes judíos como para los gobernantes romanos. Unos años después, el Emperador Calígula intentó profanar el Templo de Jerusalén con su imagen, situación que dejaría muy irritados a los judíos.

Calígula murió, aunque finalmente estalló la sublevación, en el año 70 d.C. Los judíos tomaron las armas y se rebelaron contra el Emperador Nerón. El General Vespasiano fue enviado para aplastar la revuelta. Repentinamente, tuvo que regresar a Roma antes de completar su tarea, ya que someterían a juicio al mismo Nerón, quien finalmente se suicidó para evitar el bochorno.

Vespasiano tomó el control del caos interno, sometió a los insurrectos y fue nombrado el nuevo emperador. Ordenó a su hijo, Tito, terminar de aplastar la revuelta. Los judíos levantados en armas fueron asesinados por el ejército romano, y el Templo de Jerusalén quedó en ruinas. En el año 73 d.C. se rindió Masada, la última ciudad rebelde; y así fue como terminó, por fin, la Guerra de los Judíos.

Parecía inminente su extinción: después de luchar contra cananeos, egipcios, asirios, caldeos y griegos (entre otros), cualquiera pensaría que los romanos habían puesto el punto final a la cultura y la religión de Israel, pero no fue así. Lograron sobrevivir, repartidos en diferentes partes del mundo y unidos por sus creencias.

Entretanto, justo antes de la diáspora o dispersión de los israelitas, el cristianismo apenas logró formarse a partir de la muerte de un predicador judío, y con el tiempo terminaría por conquistar a Roma y a la mayoría del mundo occidental.

Pero, aparte de ser judío y de predicar la llegada del nuevo reino de Dios, ¿quién fue Jesús?, ¿fue un personaje histórico o lo inventaron los evangelistas? La Arqueología difícilmente puede aportar pruebas, los Rollos del Mar Muerto no lo mencionan, y los historiadores de la época tampoco hacen alusión al *mesías crucificado*.

Los primeros cuatro libros del Nuevo Testamento son conocidos como *Los Evangelios*: narran la vida y las enseñanzas de Jesús, pero no son válidos como testimonio histórico porque fueron escritos por personas creyentes; sus autores tenían intereses particulares, y por lo tanto no son objetivos ni neutrales. Además, en algunos pasajes se contradicen: los especialistas han encontrado variaciones en cuanto al primer milagro de Jesús, el primer sermón o su infancia (Mateo y Lucas dicen que nació en

Belén, Marcos y Juan que nació en Nazaret). La palabra *Evangelio*, de origen griego, significa "buenas noticias".

De acuerdo con el Dr. Ariel Álvarez Valdés, destacado teólogo argentino, hay dos testimonios históricos que mencionan a Jesús: uno es del historiador judío Flavio Josefo (37 – 101), quien participó en la Guerra de los Judíos contra Roma como militar defensor de las provincias del norte, y posteriormente se dedicó a escribir, precisamente, *La Guerra de los Judíos* en 7 tomos.

Figura 20: Desierto de Masada, Israel.

En otra obra de Josefo, llamada *Antigüedades Judías* escrita en el año 93 d.C., mencionó a Jesús en el tomo 18 (eran 20). Ariel Álvarez explicó que es la más antigua referencia que existe. Con el tiempo, el texto sufrió alteraciones para enaltecer la figura del Mesías, pero de cualquier forma los especialistas coinciden en que la mención es válida como un testimonio histórico, ya que se pueden reconocer las partes que fueron modificadas.

La otra evidencia escrita corresponde a un romano de nombre Cornelius Tacitus, o simplemente Tácito (55 – 120). Ni Josefo ni Tácito eran cristianos, uno era judío y el otro romano, por lo tanto no tenían intereses religiosos sino históricos. Tácito, además de historiador, fue político: senador, cónsul y gobernador. Algunas de sus obras se han perdido, pero en el tomo 15 de su obra titulada *Anales* (historia año por año), describió cómo la gente odiaba a los cristianos, ubicó a Jesús en Judea, y también aclaró que lo llamaban Cristo (*el Mesías*). También describió que Poncio Pilatos, Gobernador entre los años 26 y 36 d.C., fue quien lo mandó matar.

En opinión del Dr. Ariel Álvarez, estas únicas dos menciones, la judía y la romana, son suficientes para el testimonio de Jesús de Nazaret como personaje histórico. Pero también aclara que al principio el cristianismo era un movimiento marginal y una secta judía más (como los esenios, los saduceos o los fariseos).

La Iglesia de Cristo nació tiempo después. Por lo tanto, por más paradójico que suene, *Jesús no era cristiano*, era judío y predicó a los judíos, y no buscaba fundar otra religión. Su imagen y sus ideas sobrevivieron en una nueva *Iglesia* gracias a San Pablo, que evangelizó por igual tanto a judíos como a paganos. Si no hubiera sido por él (su verdadero nombre era Saulo), hoy el cristianismo y los seguidores de Jesús serían una pequeña secta judía.

El Dr. Antonio Piñero, uno de los más destacados especialistas en la materia, menciona que Jesús de Nazaret, sin la obra de Pablo de Tarso (10 – 58), no hubiera pasado a la historia (Tarso era una ciudad de Cilicia, actual Turquía). En palabras de Antonio Piñero, Pablo no presentó a Jesús como un *mesías* o un nacionalista judío, sino que lo convirtió en un *Redentor Universal*: lo despojó del judaísmo y predicó que en su reino entraban todos. De esta manera, logró transformar la figura de Jesús.

Sin embargo, agrega el Dr. Piñero, de acuerdo con la teología de Pablo de Tarso, los paganos dispuestos a seguirlo no estaban obligados a cumplir las leyes del judaísmo, como la circuncisión o las órdenes de pureza en los alimentos, por ejemplo. Las ideas de Pablo fueron tan arrolladoras, explica Antonio Piñero, que aquellos que admiraban al judaísmo se encontraron con que sus normas se habían simplificado, y los paganos tuvieron una oferta maravillosa de salvación.

La Iglesia de Cristo fundada por Pablo de Tarso prosperó, y terminó por conquistar espiritualmente a Roma y buena parte del mundo occidental: los resultados son por todos conocidos. Pero, con el paso de los años, representó un verdadero peligro cuestionar los acontecimientos históricos descritos en la Biblia. El cristianismo conquistó Europa, inspiró las cruzadas, y alcanzó niveles de intolerancia extrema.

El sacerdote católico William Tyndale (1495 – 1536) fue estrangulado y luego quemado en público en Bélgica, solo por traducir la Biblia al inglés, además del tormento y muerte sufridos en la hoguera por miles de *inocentes* en Francia, Alemania y España, así como en América.

Paul Johnson, en su libro *La historia de los judíos*, nos dice que hasta principios del siglo 19 todo mundo pensaba que los relatos bíblicos estaban directamente inspirados por la divinidad, y eran ciertos en todos sus detalles. Durante muchos siglos, los católicos y los lectores de la Biblia creyeron ciegamente en la revelación divina de las sagradas escrituras.

Pero, las ideas sembradas durante la Ilustración francesa, terminaron por germinar. Durante el siglo 19, la ciencia, libre de prejuicios dogmáticos, despegó como si fuera en cohete y comenzó una fructífera carrera; también en esa época se dieron los primeros y tímidos intentos para cuestionar los textos bíblicos: ¿será la Biblia palabra de Dios?, ¿revelaría Dios su voluntad a unos hombres perdidos en la historia?, ¿los inspiró para que pusieran por escrito su voluntad?

Pronto, los escépticos comenzaron a 'levantar las cejas' y se pusieron a investigar: ¿quiénes podrían haber sido los autores?, ¿cuáles podrían haber sido sus intenciones?, ¿en qué época escribieron?

La lectura se transformó –sin el temor a la hoguera–, adoptando un enfoque más analítico. Sin embargo, pronto aparecieron las incongruencias: Moisés no podía ser el autor del Pentateuco, como dice la tradición, ya que el último capítulo describe con detalles su propia muerte. Analizando los géneros literarios, descubrieron que los originales de los primeros 5 libros habían sufrido alteraciones y se les había agregado contenido a lo largo del tiempo, por diferentes autores *anónimos*. Por primera vez, el Antiguo Testamento como registro histórico fue sometido a *juicio crítico*.

Ante semejante desafío, los defensores de la fe sintieron la necesidad de organizar viajes científicos a la zona de Palestina: la Arqueología tenía que servir para desenterrar evidencias *irrefutables* de los acontecimientos –sin duda históricos– descritos en la Biblia. Aunque había sido recorrida por exploradores y oportunistas, las investigaciones serias y sistemáticas comenzaron a principios del siglo 19.

Uno de los más importantes arqueólogos y pionero en Tierra Santa fue Edward Robinson (1794 – 1863), ministro de la Iglesia Congregacionalista, profesor dedicado a la literatura sacra y a la teología, y originario de Connecticut, EE.UU. En 1838 viajó a Palestina con el propósito de localizar lugares históricos mencionados en la Biblia, para tener argumentos con qué refutar las teorías de los críticos. Acompañado por su traductor, el Reverendo y misionero protestante Eli Smith (1801 – 1857), a pocos meses de iniciada la búsqueda, Robinson encontró el Túnel de Ezequías.

En el año 722 a.C., el ejército asirio comenzó a destruir las ciudades del reino del norte (es la época de las 10 tribus perdidas de Israel). Poco tiempo después, en el reino del sur, se construyó el mencionado Túnel de Ezequías, que mide como quinientos metros, para que suministrara agua a la ciudad de Jerusalén, ya que la invasión asiria estaba próxima, como efectivamente sucedió en el 701 a.C.

Robinson también logró identificar docenas de ruinas y lugares antiguos desconocidos hasta entonces, y mencionados en los textos bíblicos: Betel, Silo y Gabaón.

- Betel, por ejemplo, es descrita en Génesis 28-19 como el lugar donde Jacob soñó con una escalera que llegaba al cielo por la que subían y bajaban ángeles. Betel significa *Casa de Dios*, y está localizada a 20 kilómetros al norte de Jerusalén.
- Silo, situada en una zona montañosa al norte de Jerusalén, era el núcleo espiritual de la tribu conocida como Efraím (una de las 10 tribus). Desde la época de Josué, se considera a Silo como lugar santo para los judíos.
- Gabaón es mencionada en Josué 9-3 y 10-12, pues la antigua ciudad fue escenario de una batalla muy peculiar: el Sol y la Luna se detienen para alargar el día y permitir a los israelitas terminar con su enemigo.

Posteriormente, otros investigadores, siguiendo los pasos de Robinson, localizaron más sitios importantes como Megiddo, Jasor y Laquis, entre otros. Todos estos lugares descubiertos por los arqueólogos, y mencionados en la Biblia, servirían para sentar las bases históricas de las Sagradas Escrituras.

Entre los egiptólogos es muy conocida una estela de piedra tallada con jeroglíficos, elaborada en el año 1207 a.C., en la que se menciona una victoria sobre un pueblo llamado *Israel*. Fue descubierta en 1896 en el templo funerario del faraón Merneptah. El texto describe una victoria del faraón contra los vecinos libios y sus aliados. Al final de la estela, en las últimas líneas, se menciona una incursión en Canaán (en esa época parte del imperio egipcio). Un fragmento ha sido traducido como: "Israel está arrasado y no tiene semillas".

Tanto Egipto como Mesopotamia han sido útiles para establecer fechas precisas sobre los acontecimientos narrados en la Biblia. Pero, aparte de la mencionada estela, no existe en todo Egipto otro registro escrito conocido donde se mencione a los israelitas, a Moisés, quien los salvó de la esclavitud, o a las plagas bíblicas.

Tampoco hay constancia de fugitivos que lograran escapar al abrirse las aguas del mar Rojo, para volver a cerrarse al paso del faraón y su ejército (ni de que el faraón muriera ahogado).

La Biblia relata estos y otros acontecimientos en Éxodo 14. Ya que el faraón Merneptah murió en 1211 a.C. (de muerte natural), el éxodo pudo haber ocurrido en ese lejano año. De cualquier forma, los especialistas consideran que el fondo del relato es real: entraron en Egipto, fueron esclavizados por Ramsés II durante una temporada, y escaparon durante la época del faraón Merneptah. Pero, no así detalles como las plagas que asolaron Egipto o el movimiento del mar: "Y los hijos de Israel entraron en medio del mar en seco, teniendo las aguas como muro a su derecha y a su izquierda" (Éxodo 14-22).

Iniciado el siglo 20, destacó la figura de otro extraordinario arqueólogo: William Foxwell Albright (1891 – 1971), hijo de misioneros del protestantismo metodista. Considerado un gran maestro de la Arqueología Bíblica, fue uno de los especialistas que trabajó en la interpretación de los famosos y siempre *polémicos* Rollos del Mar Muerto.

De acuerdo con sus investigaciones, concluyó que Abraham, Isaac y Jacob habían sido personajes históricos, así como hechos reales las batallas de Josué y la conquista de Canaán. Sus escritos han hecho estallar violentos debates, pues muchos no comparten sus ideas; pero igualmente el Dr. Albright tiene un importante número de seguidores que coinciden con él.

En 1923 realizó excavaciones en Megiddo (al norte de Jerusalén), en una expedición financiada por el millonario John Davison Rockefeller (1839 – 1937). En la edad del bronce (año 1800 a.C.), era un importante centro cultural, administrativo y económico, con edificios y templos.

El Dr. Albright calculó que fue una Ciudad Estado de dos mil habitantes. La Biblia relata (2 Reyes 23-29) que fue en Megiddo donde el nefasto faraón Necao asesinó al Rey Josías, el mismo que años antes reconstruyó el Templo de Jerusalén en 622 a.C.

Los trabajos de arqueólogos e investigadores como el Dr. Albright o el explorador de Betel, Edward Robinson, han contribuido a traer paz a los 'creyentes', por recuperar el valor histórico de los textos bíblicos.

Durante mucho tiempo, la Biblia fue usada para interpretar los descubrimientos arqueológicos. A través del análisis de estilos arquitectónicos, cerámica y objetos encontrados, los arqueólogos bíblicos lograron establecer con mayor precisión las fechas de las ruinas y las tumbas encontradas.

Desde que comenzaron las primeras excavaciones hasta los años 60, los arqueólogos se dedicaron a buscar pruebas para demostrar que la Biblia describía hechos reales. Descubrimientos espectaculares y décadas de análisis de los restos arqueológicos, convencieron a muchos autores de que los relatos de la Biblia eran fundamentalmente históricos en términos generales.

Paulatinamente, la Arqueología Bíblica se transformó en una ciencia independiente de la opinión religiosa, y la Biblia dejó de ser usada para interpretar los vestigios arqueológicos.

Actualmente, se piensa que los primeros libros de la Biblia son una combinación de autores del reino del sur (Judea), escritos probablemente en la época del Rey Salomón (entre 970 y 930 a.C.), y autores del reino del norte (Israel) escritos durante una etapa independiente de dicho reino (930 y 720 a.C.). Es innegable que el Génesis se basa en tradiciones mucho más antiguas, pero se pusieron por escrito hasta entonces. Los estudiosos han logrado identificar *cuatro fuentes* diferentes, que fueron combinadas con una extraordinaria habilidad literaria por los escribas compiladores.

A partir del siglo 7 a.C., la escritura dejó de ser patrimonio exclusivo de sacerdotes y escribas, y se extendió por toda la sociedad israelita. En el 597 a.C., durante el exilio en Babilonia, los primeros libros de la Biblia se unificaron. Poco después volvieron a ser modificados.

Israel Finkelstein y Neil Asher Siberman, el primero de Israel y el segundo de Estados Unidos, explican que hay una gran cantidad de opiniones sobre cuándo adquirieron su forma final. Sin embargo, los académicos coinciden en que el Pentateuco representa diversas fuentes (varios autores en diferentes épocas). Cada uno escribió según sus circunstancias históricas, para expresar diferentes puntos de vista religiosos o políticos.

Con los conocimientos actuales, resulta imposible afirmar que la Biblia sea un conjunto de textos literarios ficticios. Sin embargo, tampoco se puede tomar como un relato histórico en su totalidad, pues se han encontrado demasiadas contradicciones entre los descubrimientos arqueológicos y los relatos bíblicos (como las plagas en Egipto, por ejemplo).

A partir de 1970, los arqueólogos bíblicos adoptaron los métodos de análisis modernos y se dedicaron a investigar la cultura de la época. Bajo la nueva visión histórica, en opinión de Finkelstein y Siberman, la Biblia ha dejado de ser un libro *inspirado por Dios*, para convertirse en una obra profundamente humana que proporciona información valiosa sobre la sociedad en la que fue escrita.

Los investigadores y los estudiosos del pasado reconocen que los textos bíblicos son el producto de las esperanzas, los temores y las ambiciones de los protagonistas de la historia de Israel. Ahora, la Biblia se estudia considerando los géneros literarios, y esto permite conocer el contexto en el que fueron creados los diferentes textos. Pero el enfoque no es nuevo: en 1943, el Papa Pío XII (1876 – 1958), recomendó a los estudiosos de las Sagradas Escrituras, tener en cuenta los descubrimientos arqueológicos, para discernir los *géneros literarios*.

Muchos pasajes, en opinión de Finkelstein y Siberman, son la expresión literaria de un poderoso movimiento de reforma religiosa que surgió en el reino de Judea. Aunque están basados en hechos históricos, para estos especialistas reflejan el pensamiento y los intereses de sus autores. Por fin, los arqueólogos se han dedicado a reconstruir la historia genuina del antiguo Israel.

Si bien la Biblia ha perdido su origen divino, no perdió su valor. Es el reflejo de dos reinos, Israel en el norte y Judá en el sur que, confabulados con el cristianismo, se fusionaron en un libro que ha marcado la conciencia, las súplicas, los pecados, la fe y los anhelos del mundo occidental, como ningún otro libro en toda la historia… sería prudente averiguar por qué.

UNA PRESUNTA MALDICIÓN

Por si fuera poco todo lo anterior, el siglo 20 tenía reservadas más sorpresas a los exploradores y aventureros. Entre otras cosas, el primer 'obsequio' del nuevo siglo, fue el desarrollo de la técnica que permitió estimar fechas, con el famoso y siempre radiactivo, Carbono 14.

Aunque solo es útil para fechar acontecimientos ocurridos durante los últimos 10 mil años, el fechado por Carbono 14 representa una valiosa herramienta que ahorra gran cantidad de trabajo, y rudas controversias en el intento de establecer la antigüedad de los fósiles con otras estrategias menos precisas, como se hacía anteriormente.

Gracias a las nuevas tecnologías, tomó impulso la Arqueología Submarina, importante rama de la exploración del pasado. Sin embargo, la bestial ambición por el dinero ha provocado el saqueo y la destrucción de muchos tesoros ocultos en los barcos hundidos en el fondo de mares y océanos.

El galeón español *Nuestra Señora de Atocha*, que naufragó frente a las costas de Florida, Estados Unidos, en el año de 1622, fue recuperado por buscadores de tesoros y no por arqueólogos. Por fortuna, no todos son saqueadores; hay muchos investigadores serios trabajando en este campo.

Volviendo a tierra firme, los hallazgos más famosos durante el azaroso siglo 20 –aunque quizá no los más importantes–, fueron Palenque en México, los soldados de terracota en China y, desde luego, la tumba del faraón Tutankamón en Egipto.

Dichos sitios reflejan el enorme desarrollo de tres importantes Civilizaciones Originarias, pero es importante aclarar este concepto. La palabra *cultura* comprende el conjunto de atributos y elementos que identifican a un grupo humano, tales como sus costumbres, la forma de conseguir su alimento, sus valores, creencias y tradiciones: todo lo que hace y produce la gente, se puede incluir dentro del amplio contenido que abarca la palabra *cultura*.

El Dr. Miguel León Portilla nos explica que *civilización* corresponde a una forma más desarrollada de 'cultura'. Por ejemplo, cuando hablamos de una civilización es porque hay ciudades con formas complejas de organización social, política y económica, hay división del trabajo, funcionarios públicos, arte y vida religiosa. Civilización también incluye alguna forma de escritura y la medición del tiempo con calendarios.

De esta forma, los historiadores reconocen algunas culturas de épocas remotas que se desarrollaron como verdaderas civilizaciones, pero de manera independiente (sin la influencia de otras culturas); por esa razón, son consideradas *Civilizaciones Originarias*.

Las primeras fueron Mesopotamia (en el actual Irak), Egipto y China. Entre la India y Pakistán existieron las Culturas de los Valles del Río Indo. En la mitad sur de lo que hoy es México y Centroamérica, surgieron las culturas de Mesoamérica: aztecas, mayas, olmecas y zapotecas, entre muchas más. En Perú y una porción de Ecuador, se desarrollaron las culturas andinas (el Imperio Inca, por ejemplo).

Cabe destacar que no aparecen en la lista del Dr. Portilla, ni los griegos ni los judíos. Ambas representan los pilares de la cultura occidental, pero los griegos florecieron a partir de los egipcios, al tiempo que los padres fundadores de la cultura hebrea, los patriarcas, eran originarios de uno de los más importantes centros urbanos de Mesopotamia: Ur de los caldeos.

Durante el siglo 20, no solo la Arqueología, sino también la Antropología, la Historia Antigua y la Prehistoria, lograron desarrollos tan sorprendentes en sus campos, que iluminaron las sombras que mantenían oculto nuestro pasado remoto. Pero la mayoría de la gente no se enteró de nada (o casi nada). Muchos estudios, análisis y publicaciones, fueron ampliamente difundidos entre grupos de investigadores y especialistas, y algunos pocos curiosos en calidad de turistas, pero no permearon a las grandes masas.

El siglo 20, sin embargo, nos regaló tres joyas que alcanzaron fama internacional: se imprimieron ocho columnas en las primeras planas de los principales diarios, los cables informativos dieron la vuelta al mundo, los protagonistas se cansaron de dar entrevistas (hasta las revistas de moda sacaron amplios reportajes). Todo mundo comentaba las noticias, chicos y grandes, cultos y curiosos. Desde luego, no podían faltar los problemas, las intrigas, los celos profesionales y las interminables polémicas entre eruditos.

La zona arqueológica de Palenque, al sur de México, representa hasta la fecha uno de los descubrimientos más enigmáticos y fascinantes de la zona maya en particular, y de Mesoamérica en general. Los guerreros de terracota, nos trajeron noticias directamente desde el siglo primero, antes de nuestra era, del primer emperador de China.

Pero el descubrimiento arqueológico más impactante, que llegó a estar en boca de todo el mundo, que cambió nuestra visión de la historia antigua y que nos sigue llenando el pensamiento con leyendas, mitos ancestrales y maldiciones para los profanadores, fue el gran faraón Tutankamón.

El comienzo de esta historia se la debemos a los griegos. Sin embargo, fue muy difícil apenas comenzar a conocerla, pues los sacerdotes egipcios, únicos poseedores de tales conocimientos, desconfiaban de los extranjeros.

Fue hasta el año 280 a.C. que un sacerdote de nombre Manetón, aceptó contar la historia de su país, en una obra escrita en griego. Desafortunadamente, la historia de Manetón no llegó hasta nosotros completa; durante siglos no se supo nada sobre los orígenes de Egipto.

Libros de autores como Flavio Josefo, que se basaron en las obras de Manetón, han superado la difícil prueba del tiempo, y gracias a ellos es conocida la lista de los reyes egipcios. El resto de la historia comenzó a ser explorada después de 1822, cuando lograron por fin descifrar los jeroglíficos, usando la famosa piedra *Rosetta.*

Manetón organizó la crónica de los reyes de Egipto por *dinastías,* formadas por los miembros de la familia gobernante (*dinastías* se deriva de una palabra griega, que significa 'tener poder'). En casi tres mil años de historia, Manetón describió 30 dinastías: la primera comenzó entre el año 3000 y 3100 a.C., y la última terminó con la conquista de Alejandro Magno (332 a.C.). Después, fuera de los registros de Manetón, vendría la última Dinastía de los Ptolomeos (Cleopatra incluida).

Las pirámides emblemáticas (Kefrén, Keops y Merino) custodiadas por la hoy maltrecha Esfinge, corresponden a la Dinastía IV. Egipto transcurría por su Dinastía XII cuando Abraham apenas salía de Mesopotamia rumbo a las tierras de Canaán, por el año 2000 a.C.

Durante la Dinastía XVII, un grupo de tribus nómadas de Siria, los *hicsos,* atacaron Egipto y conquistaron el fértil Delta del Nilo. El último rey de dicha dinastía había logrado, con intensas campañas militares, recuperar la mayor parte del territorio ocupado por los invasores hicsos; pero no los eliminó completamente.

La Dinastía XVIII llegó al poder en 1570 a.C. El primer rey, de nombre Ahamés, logró asestar la derrota definitiva a los extranjeros, y los expulsó hacia Palestina. Con esto, Ahamés puso fin a siglo y medio de ocupación, y dio inicio a una de las más importantes épocas en la historia de Egipto.

Aquí comenzó lo que los historiadores llaman *Imperio Nuevo,* la dinastía de los faraones. La palabra faraón era usada por los egipcios como título de respeto. El escritor Isaac Asimov explicó que la palabra egipcia "per-o" significa *casa grande* o también la *gran casa,* que hace referencia al 'palacio del rey'; con el tiempo, esta palabra derivó en *faraón,* y se hizo popular gracias a la Biblia, al nombrar a los reyes de Egipto.

Durante la Dinastía XVIII gobernó con éxito una de las pocas mujeres en el antiguo Egipto, la reina Hatshepsut (? – 1458 a.C.). Luego de su muerte, subió al trono su sobrino Tutmosis III (1482 – 1425 a.C.). Los sirios intentaron tomar por sorpresa al nuevo faraón, considerándolo débil y distraído ya que además tenían la necesidad de moverse hacia el sur pues otros grupos los presionaban militarmente por el norte.

En 1457 a.C., Tutmosis III reaccionó rápido, y con extrema violencia atacó la ciudad palestina de Megiddo, al norte de Jerusalén. Cabe señalar que Isaac Asimov opina que Tutmosis es el faraón más importante no solo de la Dinastía XVIII, sino de toda la historia antigua de Egipto. Tutmosis también conquistó otra ciudad llamada Kadesh, en lo que hoy es Siria, y llegó hasta las puertas del legendario río Éufrates, para terminar sometiendo a todos los pueblos del norte que representaban una amenaza para su imperio.

Además de sus exitosas campañas militares, administró tan bien los asuntos públicos, que llevó a la civilización egipcia a uno de los puntos más altos de todos los tiempos. En 1425 a.C. murió el gran Tutmosis III, y sus descendientes continuaron glorificando su legado al mantener la prosperidad y hegemonía de Egipto.

Esto fue así hasta que llegó Akenatón, faraón que quiso hacer algunos cambios en la religión egipcia, pero los poderosos sacerdotes se opusieron con vehemencia. El faraón *hereje* murió en 1353 a.C., y todos descansaron en paz menos él, pues sus creencias religiosas "sacrílegas" fueron abandonadas para volver a los preceptos de la vieja religión egipcia.

Después del difunto, otro miembro de la casa real de nombre Tutankamón (1340 – 1322 a.C.), ocupó su lugar. Fue un faraón de la misma Dinastía XVIII, pero subió al trono siendo un niño, y murió aproximadamente a los 18 años (gobernó apenas nueve años). Sin embargo, fue enterrado con todos los honores de su rango.

Dos siglos más tarde, durante la preparación de la sepultura para otro faraón (Ramsés IV), los obreros construyeron un alojamiento, y sin que fuera su intención, taparon accidentalmente la entrada hacia la tumba de Tutankamón, que permaneció oculta. Las intensas tormentas que azotan ocasionalmente el valle, se encargarían de sepultar la entrada con más rocas y sedimentos.

Después de la muerte de Tutankamón, los linajes continuaron, hasta que en el año 340 a.C. (durante la XXX Dinastía), los ejércitos egipcios fueron derrotados por los persas. Alejandro Magno expulsó a los invasores, se apoderó de Egipto, y poco tiempo después murió misteriosamente.

Miles de años después, a finales del siglo 19, el británico Howard Carter (1874 – 1939) trabajó desde los 17 años como dibujante en Egipto, copiando bajorrelieves y monumentos. Al amparo de arqueólogos profesionales, como el destacado Flinders Petrie (1853 – 1942), aprendió las técnicas de excavación y restauración usadas en esa época. Con el tiempo se convirtió en funcionario público: *Inspector de Antigüedades*.

En cierta ocasión, conoció a un conde de nombre George Edward Stanhope Herbert (1866 – 1923), mejor conocido como Lord Carnarvon. Este personaje era un noble inglés, interesado en la Arqueología. Desde 1905, Lord Carnarvon había llegado a Egipto, para recuperarse de un accidente. En 1908, Carter comenzó a trabajar bajo su tutela: le proporcionó fondos para excavar primero en Tebas, y luego en el Valle de los Reyes.

La antigua Tebas está a un costado de la ciudad actualmente llamada Luxor, famosa entre los turistas por sus mercados multicolores, localizada a unos 700 kilómetros al sur de El Cairo. Cerca de dicha ciudad se encuentra un desierto sembrado de tumbas, conocido como *Valle de los Reyes*. Aproximadamente 28 faraones de las dinastías XVIII, XIX y XX, entre reinas, príncipes y nobles, fueron enterrados en ese valle durante 400 años. Sin embargo, ya desde la época del faraón Merneptha (cuando los judíos salieron de Egipto, antes del año 1000 a.C.), todas las tumbas, excepto unas pocas, habían sido saqueadas.

Entre 1902 y 1914, el arqueólogo de Nueva York Theodore Montgomery Davis (1838 – 1915), encabezó el último de muchos equipos de arqueólogos que habían encontrado alrededor de 30 tumbas, decretando que el famoso 'valle' estaba *agotado*. Carter insistía, sin embargo, que faltaba una.

Imagen 21: Howard Carter.

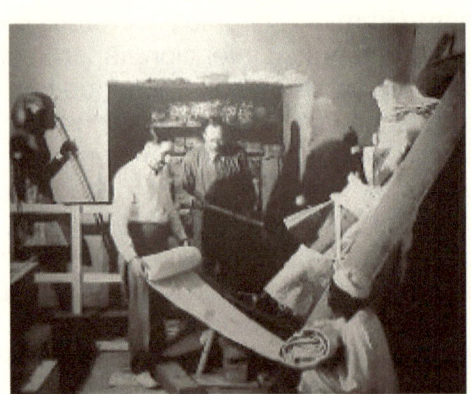

Después de muchos trámites, Carter consiguió el permiso oficial para excavar en el desértico Valle de los Reyes, y lo haría con el apoyo económico de Lord Carnarvon. Organizó un trabajo sistemático, y comenzó la búsqueda sin descanso. Sin embargo, ocurrió una breve interrupción, ya que los *amistosos* alemanes decidieron visitar Egipto con tanques y soldados bien armados, aunque se retiraron pronto, y los arqueólogos pudieron continuar su trabajo.

Con el tiempo, los fondos de Lord Carnarvon *y su paciencia* se estaban agotando; por más rocas y tierra que movían, el famoso faraón seguía oculto. Carter era plenamente consciente: descubrir otra tumba era como encontrar la 'aguja en el pajar', y que estuviera decorada y con objetos de valor, *incluyendo a su momia*, sería más que un milagro.

Lord Cararvon puso un límite: emprenderían la última campaña y se cerraría la fuente de los fondos, ni una más. Carter estaba desesperado, se sentía con el agua hasta el cuello; veinte años de búsqueda infructuosa lo estaban volviendo loco.

La mañana del 4 de noviembre de 1922, los obreros en la zona de excavación estaban amontonados, intentaban mirar algo. Carter, nervioso, supo de inmediato que algo había pasado: se había encontrado un escalón. Ese día sirvió para dejar libres de tierra los demás escalones, que terminaban en una pared. Tapó todo para ocultarlo, y se fue volando a la ciudad para enviar un telegrama a su fiel patrocinador.

Unos días después, el conde de Carnarvon y su comitiva, estaban frente a la pared donde terminaban los escalones, y que contenía grabados que mostraban claramente el nombre del faraón buscado.

Al retirar la pared encontraron un pasillo inclinado que los conducía más abajo hacia el interior, y que estaba lleno de escombros. Era obvio que había sido alterado previamente. El temor invadió a todos: ¿se habían adelantado los ladrones? (aunque algunos de los presentes podían ser catalogados de la misma manera). Todo parece indicar que Carter tenía intereses honestos, y su búsqueda principal era recuperar la historia del pueblo y la civilización que admiraba, antes que la búsqueda de tesoros extravagantes y mucho oro.

Al final del pasillo había otra pared con más inscripciones. La comitiva se armó de paciencia mientras Carter hizo un agujero exploratorio y alumbró con una vela. Al principio no pudo ver nada:

> ... pero, luego, al acostumbrarse mis ojos a la luz, detalles de la estancia que había más allá emergieron lentamente de la niebla: animales extraños, estatuas y oro;

113

por todas partes refulgía el oro. Por un instante, que debió de parecerles una eternidad a los que esperaban, me quedé mudo de asombro, y cuando Lord Carnarvon, incapaz de soportar más el suspense, me preguntó con tono ansioso "¿Ve algo?", no pude sino contestarle con las palabras: "*Sí, cosas maravillosas*" (Joyce Tyldesley, *Los descubridores del antiguo Egipto*).

Cuando retiraron la pared, no lo podían creer, ya que parecía un almacén por la gran cantidad de objetos encontrados; sin embargo, no estaba el faraón. Tenía que haber otra cámara. Probaron por todas partes hasta que encontraron otra pared, en el fondo, que ocultaba algo en su interior: sin duda, la cámara funeraria.

Cientos de periodistas, curiosos y turistas obstaculizaban el trabajo arqueológico, como si fuera una feria. El interés que despertó la tumba fue espectacular. Se firmó un acuerdo con *The Times* que resultó nefasto, pues más que informar se dedicaron a estorbar. El resto de los periodistas, furiosos por ser excluidos, no dejaron de preguntar por el faraón (y también de estorbar). Sin embargo, era inevitable: en ese momento la tumba era el hallazgo más importante en la historia de la Arqueología, fue un suceso que estremeció al mundo.

Encontraron cientos de objetos de una riqueza difícil de calcular: espadas, escudos, dagas, arcos y carros de combate; también había jarros, tarros para ungüentos, camas con formas de animal, sillas, otros muebles, amuletos, arcones llenos de ropa y sandalias, bastones, alimentos petrificados (pan, legumbres y carnes), estatuas con alhajas, y sobre todo oro, combinado con marfil, en pectorales y en pulseras. Cada nueva pieza era una portada en los periódicos. Nunca una excavación arqueológica había provocado tanta expectación y tanto interés entre el público.

Los objetos fueron trasladados al Museo Arqueológico de El Cairo. De cualquier forma, los arqueólogos dedujeron que algunos objetos pequeños, efectivamente, habían sido robados.

La guerra de intereses fue terrible: a Carter le interesaba el pasado de Egipto, a Carnarvon el dinero. Las disputas entre el arqueólogo y quien financiara la excavación se intensificaron y subieron de tono, hasta que llegaron a niveles exasperantes. Al poco tiempo, Carnarvon enfermó de septicemia y neumonía.

Fue el 16 de febrero de 1923 cuando tumbaron la pared que posiblemente ocultaba la cámara funeraria, donde esperaban encontrar al faraón. Lo primero que vio Carter fue un féretro de madera, bellamente decorado con símbolos mágicos para la

114

protección del difunto, que parecía como una capilla dorada de casi tres metros de altura. El féretro podía ser la 'caja' donde había sido transportado Tutankamón, desde el palacio hasta su tumba. Carter lo abrió, y encontró que en su interior había otro féretro, pero al abrirlo descubrió otro, y otro más hasta hacer un total de cuatro. El último féretro contenía un sarcófago de piedra con una tapa *tan pesada*, que tuvieron que instalar poleas y un sistema de cuerdas para levantarla.

Ya estaban cansados cuando lograron abrir el sarcófago, pero todavía, como si fueran muñecas rusas, descubrieron que había tres ataúdes más, cada uno dentro de otro. Los cuatro féretros, el sarcófago y los tres ataúdes, eran bellas y 'laberínticas' obras de arte. Pero nada se comparó con lo que faltaba: la momia tenía encima una hermosa máscara de oro con la imagen del faraón, y con incrustaciones de lapislázuli (gema formada con la mezcla de varios minerales), sin duda una de las piezas más misteriosas, extraordinarias y emblemáticas del arte egipcio.

Fue hasta el 11 de noviembre de 1925, cuando Carter retiró la máscara y miró por primera vez, en más de tres mil años, a la momia del faraón: "*por fin te encuentro*" fue lo único que dijo.

Los periodistas de algunos pésimos tabloides ingleses, dedicados –desde entonces– a chismes y calumnias de diferentes calibres, pululaban como moscas alrededor de la tumba. Desde el principio se convirtieron en una verdadera pesadilla para Carter, pues nunca tuvieron la intención de difundir la importancia que representaba el joven faraón, ni la cantidad de objetos de una extraordinaria belleza. Esos *amarillistas* ingleses buscaban el escándalo y la noticia sensacionalista, para llamar la atención de lectores poco instruidos.

Dichos periodistas sentían un particular desagrado por Carter, ya que el arqueólogo no tenía ningún reparo en mandarlos 'al cuerno', con los peores modales que reflejaban el hastío y profundo aborrecimiento que sentía por ellos. Seguramente hubo periodistas auténticos, sinceros buscadores del valor histórico y cultural (incluyendo el mismo tesoro), pero serían pocos.

Unos meses después, los *amarillistas* encontraron la oportunidad de oro para sus turbios intereses: "¡Lord Carnarvon murió en extrañas circunstancias!" (en lugar de informar que había muerto de neumonía y septicemia). En ese momento comenzaron a difundir la historia de la "presunta maldición", con el propósito de hacer nada más que su mal trabajo: prensa sensacionalista basada en especulaciones sin fundamento. La noticia tapizó todos los periódicos, confundiendo al público, y desde luego desatando polémicas y sembrando la duda.

Otros faraones, mucho más antiguos, contaban con 'maldiciones', bien claras y colocadas en lugares visibles, para advertir a aquellos que tuvieran las negras intenciones de entrar a robar en sus tumbas. Sin embargo, en el caso de Tutankamón, nunca se encontró maldición alguna, ni visible ni oculta, más que en la cabeza de los malos periodistas.

Imagen 22: Tutankamón.

Lord Carnarvon tenía 56 años cuando murió, pero es importante considerar que él no estaba en Egipto de vacaciones; había sido enviado por su médico a recuperar su débil estado de salud, ya que el clima seco y caluroso de Egipto le sentaría mejor que el frío y húmedo de Inglaterra. Por lo tanto, si está delicado y además se le infecta una pequeña herida (todavía no se había descubierto la penicilina, hasta 1929), lo más lógico es que tuviera que despedirse para subir a visitar a San Pedro.

Pero además, tanto Carter como la hija de Lord Carnarvon, Lady Evelyn Leonora Herbert (1901 – 1980), quien estuvo presente el día que abrieron la cámara sepulcral del faraón, fueron personas que murieron muchos años después.

El mismo Carter, carente de los avances arqueológicos actuales, cometió una brutal y pavorosa barbaridad: de haber existido una 'auténtica maldición', un rayo le habría fundido el cerebro, dejándolo sin cabeza hasta en sus próximas reencarnaciones: *decapitó a la momia*.

116

Intentando recuperar los bellos amuletos que el faraón llevaba colgados al cuello, enredados en un amasijo de vendas, terminó cortándoselo accidentalmente. Desde 1923, la inocente cabeza del faraón reposa separada de su cuerpo. Claro que esto facilitó la manipulación de la cabeza, en una serie de estudios y fotografías elaborados posteriormente; pero decapitar a una inofensiva momia de 3 mil años de antigüedad, pudo haber desatado epidemias y catástrofes de magnitudes bíblicas.

Así que, una maldición que funciona *a veces*, carece de prestigio, y ni siquiera tendría derecho a ser llamada de esa forma.

TABLA 4. Investigación del Dr. Mark Nelson.

Nombre	Veces que visitó la tumba	Años que sobrevivió	Edad al momento de morir
Lady Evelyn Herbert (hija de Carnarvon)	1	57	78
Lord Carnarvon	1	7 semanas	56
Arthur Mace, asistente de Carter	2	5	53
Harry Burton, fotógrafo	4	17	60
Sir Alan Gardiner, egiptólogo	2	41	84
Howard Carter	Muchas	16	64

Fuente: adaptado a partir de *Nelson, Mark. The mummy's curse: historical cohort study.*

En Australia, un especialista en salud pública y análisis estadísticos, decidió hacer un estudio después de visitar *como turista* al famoso Tutankamón. Se trató del Dr. Mark Nelson, investigador de la Universidad Monash, en Melbourne, Australia.

Además de consultar los diarios de la época (los amarillistas), tuvo acceso a los archivos de excavación. Armó una lista de 44 personas relacionadas con Carter en esa época, de las cuales 25 estuvieron directamente expuestas a los restos de Tutankamón (incluyendo a Lord Carnarvon y a su hija); encontró resultados muy reveladores: estas personas –en promedio– vivieron 20 años después de la visita a la cámara funeraria.

También calculó la edad media al momento de morir de estas 25 personas, y encontró que era de 70 años, que corresponde a la esperanza de vida para los europeos de esa época.

A continuación, una pequeña muestra de la investigación del Dr. Mark Nelson, que fue publicada nada menos que en la *British Medical Journal*, en 2006:

El Dr. Mark Nelson concluye que no hay una asociación 'significativa' entre los que estuvieron expuestos a la *maldición de la momia* y el tiempo que vivieron después; por lo tanto, no hay evidencia estadística de la supuesta maldición.

Carter no recibió ningún homenaje en vida, ni en Inglaterra, ni en Egipto, pero la tumba sigue siendo el descubrimiento arqueológico más famoso de todos los tiempos.

No solo encontraron tesoros, tanto históricos como oro y joyas; también encontraron dos fetos momificados, posiblemente hijos fallidos del faraón. Carter tardó diez años en vaciar la tumba, catalogando y describiendo cada uno de los objetos encontrados. En el año 2010, después de quince años de trabajo, el Instituto Griffith terminó de clasificar y catalogar 5,389 objetos recuperados de la tumba de Tutankamón.

La mítica maldición con la misteriosa muerte de los profanadores del eterno descanso del joven faraón, se ha transformado hoy en un verdadero hechizo: aquel que conozca esta fascinante historia, quedará preso por una curiosidad desmedida –y en algunos casos obsesiva–, por saber más de una civilización antigua sorprendente, pilar del mundo contemporáneo. Los egipcios, sin duda alguna, tienen el poder de hipnotizar a aquel que se atreva a mirar la belleza de su cultura, y el faraón Tutankamón es digno y respetable representante de la misma.

LOS GUERREROS DEL EMPERADOR

Durante la época del más famoso filósofo de la historia oriental, el gran Confucio (551 – 479 a.C.), el país hervía en constantes conflictos bélicos: un gobernante conquistaba un territorio nuevo y al poco tiempo lo perdía por el ejército de otro. Nos ubicamos en el año 221 a.C., los ejércitos llevan más de 40 años luchando y sometiendo a la población a salvajes, sangrientas y crueles batallas, hasta que por fin un rey logró derrotar a la última resistencia.

Ese rey, transformado en el nuevo emperador Quin Shi Huangdi (259 – 210 a. C.), ha pasado a la historia como el primer gobernante que logró unificar esa inmensa porción del continente asiático, que desde entonces y hasta nuestros días conocemos como China: dominó el territorio, unificó las leyes, estableció una moneda única, un mismo sistema de escritura y estandarizó medidas de peso y distancia. La nueva era de los Emperadores y la Dinastía Quin, habían comenzado (Quin se pronuncia *chin*, por eso China).

Durante su reinado también terminaron de unir las murallas en el norte, proyectadas para detener los ataques de los feroces mongoles. Con esto logró construir la pared más larga y famosa del planeta: la Gran Muralla China (desde esa época sigue recibiendo miles de turistas nacionales y extranjeros).

Los gobernantes chinos, al igual que los egipcios, acostumbraban almacenar en su tumba todo lo que podían necesitar; la surtían con armas, comida, muebles, joyas y todo tipo de objetos. Además, no podían faltar los guerreros, los criados y las concubinas, envenenados o ahorcados para continuar sirviendo al difunto rey, en la *otra vida*. Una creencia milenaria china afirmaba que sin las cosas necesarias, la vida ulterior (después de la muerte) podía ser un verdadero *infierno*. Los arqueólogos han encontrado tumbas que tienen hasta 160 cuerpos de probables súbditos sacrificados, además del rey.

El gran unificador de China, el emperador Quin, tenía suficientes motivos para modificar esa cruel costumbre de matar a criados y empleados. Sin embargo, era obvio que necesitaba, según su percepción, de un ejército para proteger tanto a su espíritu como a su tumba. Cuando le tocara el turno de morir, lo estarían esperando cientos de soldados muertos por las espadas de su despiadado ejército, cuyos espíritus seguramente buscarían venganza torturando al emperador Quin *eternamente*.

Pero qué pasaría, si sacrificaba a miembros de su corte o de su ejército: ponía en peligro su propia dinastía y a sus descendientes en la Tierra. Él quería que su legado durara *mil generaciones* después de su funeral. Por lo tanto, decidió probar con la creencia de que una estatua podía convertirse en un ser vivo en la *otra vida*. Era una idea nueva y hasta cierto punto piadosa, aunque extraña y paradójica pues buscaba la 'vida' después de la 'muerte'.

Desde entonces y hasta las generaciones actuales, los chinos le dan mucha importancia a los funerales y a la memoria de sus antepasados. Tener en casa un ataúd respetable para el 'abuelo', es un reflejo del estatus de la familia y de su poder económico. Así que el emperador, antes de morir, tenía que tener un mausoleo del tamaño de sus logros (no cualquiera había conseguido unificar China).

Para hacerle compañía en su tumba (cuando llegara su turno), el emperador mandó producir miles de guerreros de terracota (barro cocido), de tamaño natural (entre 1.60 y 1.80 metros de altura), con uniformes y armas de acuerdo con su rango. Elaborados con la esperanza de que en la 'otra vida', una vez muerto el emperador, los guerreros se convirtieran en *seres vivos*, dispuestos a protegerlo de sus fantasmales enemigos.

Aun así, al morir el emperador reclamó algo de compañía, *por si acaso*. Quin mandó estrangular a sus príncipes más cercanos y a sus concubinas favoritas (no se salvaron). Pero para fortuna de funcionarios, población civil, amantes, parientes, conocidos y sirvientes de épocas posteriores, después de Quin, nadie se llevó personas vivas a la tumba.

Sus revolucionarias ideas salvaron la vida a muchas personas, pero no a su imperio que solo duró cuatro años más después de su muerte. La construcción de su tumba duró 36 años, dejando al imperio en serios problemas económicos, y con una población que había sido sometida por la fuerza para realizar los anhelos mortuorios del emperador. También atacó a los intelectuales que lo criticaban: mandó quemar libros y mató a muchos de sus autores.

Después de muerto, grupos de campesino saquearon y quemaron la tumba, pues habían sufrido violencia y hambre para pagar ese funeral. El techo se hundió y sepultó al 'ejército de terracota' bajo toneladas de tierra.

Una crónica de la época, menciona que en la tumba había ríos artificiales de mercurio y en el techo se habían pintado todas las constelaciones del cielo nocturno. Casi todo se perdió, y fue un desastre de tal magnitud, que los arqueólogos actuales están tratando de recuperar el *imperial tiradero*.

El primer emperador de la siguiente dinastía, Gao Zu, no tuvo problemas en derrotar al hijo de Quin de nombre Er Shi Huangdi, pues China se sumió en una guerra civil. Una nueva dinastía, la Han, surgió del caos, pero el país estaba en ruinas.

Poco después de Gao Zu hubo otro emperador con ideas similares a las de Quin. Se trata del emperador Jing Di (188 – 144 a.C.), quien se llevó a la tumba a toda la corte, a sus familiares cercanos y a casi toda la población de su ciudad natal, pero claro, también con figuras de terracota: soldados con sus sirvientes, mujeres a caballo, eunucos, burócratas, gente del pueblo, músicos y bailarinas, así como animales de granja como ovejas, perros, cerdos y pollos, todos de terracota (la despensa para tanta gente). También se han encontrado pequeñas casas de barro cocido.

Solo que tenemos una pequeña pero significativa diferencia: las figuras de Jing Di miden en promedio 60 centímetros, son más pequeñas que las de su antecesor. Quizá hizo figuras más pequeñas porque era más barato, pero seguramente tenía presente el despilfarro del primer emperador, y la caída de su dinastía.

Imagen 23: Guerreros de terracota, China.

Jing Di anuló muchos impuestos y muchas leyes, y al mismo tiempo logró mantener unidas a las diferentes etnias chinas. Los nómadas mongoles eran enemigos naturales y por eso el primer emperador construyó la Gran Muralla. Pero Jing Di les ofreció a las más hermosas mujeres como esposas, y así los mongoles incluso aportaron soldados para su ejército. Tuvo que comprar la paz, pero

121

la estrategia funcionó y era lo que el país necesitaba para reparar los daños de la dinastía anterior.

A diferencia de Quin, el emperador Jing Di gobernó con suavidad y su reino ha sido considerado la edad de oro de china.

En 1974, mucho tiempo después, un grupo de campesinos se encontraba excavando un pozo cuando descubrieron las primeras figuras de terracota. Los arqueólogos chinos acudieron al lugar y comenzaron los trabajos correspondientes. Pronto, identificaron que se trataba nada menos que la tumba del gran emperador Quin. Se han logrado recuperar más de 8 mil figuras de los famosos guerreros de terracota, todos formados para montar guardia al pie del mausoleo de su creador. Los guerreros chinos fueron declarados *Patrimonio de la Humanidad* por la UNESCO en 1987.

En 1990, el turno fue para un grupo de obreros que trabajaban en una carretera, cuando accidentalmente descubrieron las pequeñas figuras, que después los especialistas identificarían con el emperador Jing Di. Se han recuperado más de 6 mil figuras, sin brazos y con restos de ropa. Los arqueólogos creen que con los años se pudrieron los brazos de madera y la ropa con la que en su tiempo fueron vestidos.

Entre ambos emperadores, crearon el imperio más duradero de la historia del planeta. Los secretos que revelan sus tumbas son un reflejo de cómo la fuerza y la libertad, a lo largo de los años, han forjado esta compleja, refinada y milenaria nación.

Las fronteras que creó Quin para su imperio, con pequeñas diferencias continúan siendo las mismas en la actualidad: imperios, culturas y civilizaciones han aparecido y desaparecido, pero China sigue siendo China, desde hace miles de años.

LOS MAYAS DE PALENQUE

Tutankamón en Egipto y los guerreros en China, pero en América también hubo secretos revelados. En lo que ahora es México, Guatemala, Belice y Honduras, floreció la cultura maya. La zona arqueológica de Palenque se localiza en el estado de Chiapas, al sur de México y cerca de la frontera con su vecino Guatemala.

Sumergida en las profundidades de la selva, la ciudad maya de Palenque fue fundada un siglo antes de Cristo, experimentó un desarrollo meteórico en unos pocos siglos, para quedar abandonada entre los años 900 y 950 de nuestra era.

Hablar de los mayas es hablar de muchas cosas, pues ocuparon una zona muy extensa, con una importante pluralidad de culturas, lenguas e historias. Los mayas no son un grupo homogéneo, afirma la Dra. Mercedes de la Garza. Sin embargo, los idiomas y dialectos provienen de una lengua madre, en tanto que los grupos comparten suficientes aspectos similares, de tal forma que los podemos englobar en la misma cultura.

Los primeros asentamientos humanos en la zona, tienen una antigüedad de 5,000 años. Aun así, investigaciones recientes han descubierto evidencias de pobladores más antiguos en el norte de Belice: nómadas cazadores que vivieron en ese lugar hace más de 10 mil años, y desde luego sin parentesco con la cultura que se desarrollaría mucho tiempo después. Solo algunos se han aventurado a explorar épocas tan remotas, pues la mayoría de los arqueólogos quedan deslumbrados ante el esplendor del llamado *Periodo Clásico Maya*.

Imagen 24: Palenque en medio de la selva.

A partir del año 1,800 a.C., lo que conocemos como *cultura maya*, comenzó a cocinarse a fuego lento. Fue un proceso que demoró dos mil años, en los que se reconocen diferentes etapas de cocción, hasta que el *plato cultural* quedó listo poco antes del año 250 después de Cristo. Desde luego, la cocina recibió ingredientes de diferentes grupos de Mesoamérica, como los olmecas.

Con el paso de los años y las generaciones, los nómadas cazadores que habitaban la zona, comenzaron por domesticar algunas plantas, y así se fueron estableciendo los primeros campamentos temporales.

Los registros más antiguos de agricultura en los territorios mayas, según nos ilustra la maestra Bertina Olmedo, se remonta al año 2,500 a.C. Se han encontrado restos de selva quemada de manera intencional, para sembrar cereales. Surgen las primeras aldeas vinculadas a la agricultura, principalmente en el sur. En la zona central y en el norte, los primeros poblados agrícolas aparecen hasta el año 800 a.C.

Su alimentación incluía sobre todo maíz, chile, calabaza y frijol. La agricultura favoreció el incremento de la población, y entonces comenzó una incipiente organización entre los poderes religioso y civil. La gente en las aldeas organizó relaciones sociales cada vez más complejas.

Hacia el año 700 a.C. ya han construido grandes pero sencillos edificios; esto sucedió en un lugar conocido como Nakbé, norte de Guatemala. Bertina Olmedo explica que en esa época se sientan las bases para una transformación *cultural y social*, pero todavía pasarían algunos siglos para identificar a los mayas tal y como los conocemos ahora. Los primeros rasgos característicos de la cultura maya se consolidaron en la última fase del Periodo Preclásico, aproximadamente por el año 300 a.C.

La maestra Mercedes de la Garza, aclara que el florecimiento de la típica cultura maya comenzó en el 300 después de Cristo: los especialistas marcan el año 292 d.C., como el inicio del famoso *Periodo Clásico* (para simplificar se usa el año 300 d.C.). La fecha quedó registrada en una estela de piedra, en la ciudad de Tikal (norte de Guatemala), y corresponde al registro más antiguo del tiempo en cualquier monumento maya, de los encontrados hasta ahora.

Para aquel tiempo, ya podemos hablar de una civilización compleja, con todos los ingredientes propios de la cultura maya: grandes centros urbanos, escritura, religión, diferencia de clases, un sistema de numeración y un calendario unificados, el arte, y la arquitectura monumental en varias ciudades como Tikal, Cerros o Lamanai (norte de Belice), así como Palenque.

Bertina Olmedo destaca que los mayas del Periodo Clásico heredaron de sus antepasados una cultura notable, y que ellos desarrollaron de forma sorprendente. Pero, también heredaron dificultades y problemas, como ciudades superpobladas, rivalidad entre algunos reinos y luchas por el poder.

Si bien Palenque sería una de las ciudades más importantes durante el Periodo Clásico (300 – 900 d.C.), al principio, en torno al año 100 a.C. cuando se cree llegaron los primeros pobladores, era una pequeña aldea de agricultores que complementaban su alimentación con la caza y la recolección.

Entre el 200 y 400 d.C., su población creció de forma acelerada, y justo en el año 431 de nuestra era subió al trono el primer monarca de la familia real, del reino de Baakal (nombre maya de Palenque, y que se traduce simplemente como "hueso"; anteriormente se llamó Lakamha, "Lugar de las Grandes Aguas").

Pero ¿qué pasó antes del año 431?, ¿cómo se gobernaban? Simon Martin y Nikolai Grube, en su libro *Crónica de los Reyes y Reinas Mayas*, refieren que los intentos de la Arqueología para rastrear los orígenes del desarrollo inicial de Palenque, han sido extremadamente escasos. Extensas áreas de las ruinas, donde pudiera haber dichos testimonios, aún no han sido exploradas. Además, varias de las grandes obras arquitectónicas del Periodo Clásico, como el Templo de las Inscripciones o El Palacio, ocultan pruebas correspondientes a las fases iniciales de Palenque (solían edificar un templo sobre las ruinas de otro).

De cualquier forma, se ha recuperado buena parte de la historia de la ciudad. Es así que sabemos que el primer gobernante llevó por nombre Kuk Balam I o *Jaguar-Quetzal* (397 d.C. – ?). Subió al trono en el año 431 y gobernó durante cuatro años. No hay detalles de cómo se hizo rey para gobernar Palenque.

A partir de entonces, la misma historia se repite en otros lugares. Paulatinamente asumieron el poder nuevas familias de gobernantes en Copán (Honduras) y Quirigua (Guatemala), entre otras ciudades.

El siguiente gobernante de Palenque fue Gaspar (422 d.C. – ?), hijo de Kuk Balam I (Gaspar es un apodo puesto por los arqueólogos). Subió al trono en el año 435 d.C., a los 13 años de edad, y se mantuvo en el poder durante 52 años.

Casi cien años después de Gaspar, el Rey Kan Balam I (524 – 583) murió sin dejar un heredero varón al trono, provocando una tremenda crisis en la familia real. No se sabe con certeza si fue su hermana, o más probablemente su hija, pero Yohl Iknal (? – 604) o la *Señora Corazón del Lugar del Viento*, se convirtió en la primera reina de Palenque en el año 583 de nuestra era. Fue una de las pocas mujeres del Periodo Clásico, que logró un título real completo y disfrutó 20 años en el poder.

En la vecina ciudad de Kalakmul, situada al sur del estado de Campeche (México), muy cerca de la frontera con Guatemala, encontramos el reinado de una figura destacada. *Serpiente*

Enrollada subió al trono en el año 579 (unos pocos años antes de que Yohl Iknal hiciera lo mismo).

Este gobernante de Kalakmul se caracterizó por salvajes campañas militares en la frontera occidental del mundo maya, con dos ataques despiadados a Palenque en los años 599 y 611.

Yohl Iknal fue víctima del primer ataque, sufriendo destrozos y un terrible saqueo a manos de sus vecinos de Kalakmul. Sin embargo, el segundo y más devastador ataque del belicoso *Serpiente Enrollada*, tuvo peores consecuencias: murieron tanto el Rey de Palenque Aj Ne' Ohl Mat (? – 612), sucesor de la reina, como el hijo de ella, Pakal I (? – 612). La ciudad quedó en ruinas y la administración sumida en el caos.

Aunque no agradó a nadie, en el año 612 ocupó el trono la hija de Pakal I, conocida como Sak Kuk (? – 640) o *Señora Quetzal Blanco*. Reinó solo por tres años para evitarse problemas, pero es probable que su esposo Kan Mo Hix (? – 643) gobernara con ella durante ese breve lapso de tiempo.

El hijo de ambos, a la tierna edad de 12 años, se convirtió en Rey en el año 615 de nuestra era: K'inich Janaab Pakal II (603 – 683), mejor conocido como *Pakal el Grande*, para diferenciarlo de su abuelo Pakal I. El nombre 'Pakal' significa *escudo*, y 'K'inich' representa *Gran Sol*.

Imagen 25: Guerrero maya.

Lo más probable es que sus padres conservaran el poder, mientras el joven Pakal se preparaba para tomar el control político de la *maltrecha* Palenque. Se han descubierto pocos registros de sus primeros años, pero se sabe que se casó con Tzak bu Ahau

(*Señora de la Sucesión*) posiblemente en el año 626, y con ella tuvo tres hijos.

Una vez en el trono, Pakal recuperó Palenque y reorganizó el control político, después de la devastación y la decadencia provocada por los 'amables' vecinos de Kalakmul. Además, para tranquilizar las crisis nerviosas de los alarmados ciudadanos, retomó los ritos sagrados que habían sido abandonados durante el desorden provocado por los ataques. En resumen, Pakal se ganó el respeto de otros reinos, construyó templos y edificios, y llevó a Palenque a niveles de un progreso notable.

Antes de morir, Pakal mandó levantar su última morada. Se construyó un edificio *sepultura-templo-pirámide*, que ahora conocemos como Templo de las Inscripciones. En la parte alta del mismo, hay un santuario en el que se esculpió sobre las paredes, la historia de la familia real. Pero en el interior, oculta en el corazón del templo, estaría la cámara funeraria. Su sarcófago sería sellado con una lápida de piedra, en la que Pakal mandó tallar una imagen donde él mismo está representado.

El 31de agosto de 683 (6 Edznab 11 Yax, en el calendario maya), murió Pakal a los 80 años de edad, después de haber reinado con éxito durante 67 años. La Dra. Mercedes de la Garza describe magistralmente lo que sucedió:

> En el momento preciso de su muerte, ocurrida en su habitación del palacio, colocaron en su boca una cuenta de jade, que recogió el aliento vital. Luego pusieron entre sus labios un poco de masa de maíz, sustancia sagrada con la que habían sido formados los primeros hombres; en seguida lo amortajaron con lienzos de algodón, y a un lado de la estera en la que reposaba depositaron vasijas con agua y alimentos, así como sus amuletos protectores. Después de velarlo durante tres días, de hablarle continuamente para que no se sintiera solo, cuidando su sombra y orando a los dioses para mantener con vida su espíritu mientras iniciaba su camino por el mundo inferior, sus hijos Chan – Bahlum y Kan Xul, sus nueras y sus nietos, se prepararon para celebrar la gran ceremonia funeraria (Mercedes de la Garza, *Los misterios de Palenque*).

Antes de que fuera enterrado, el enorme sarcófago de piedra, que ya se encontraba en el interior del templo, se limpió, se preparó y se pintó de rojo con cinabrio. En la lápida de piedra que sellaría el sarcófago, además de su imagen llena de símbolos, se grabó la fecha de su muerte.

La ceremonia comenzó cuando el grupo de familiares, sacerdotes y funcionarios salieron del Palacio cargando al difunto. Caminaron unos pasos para llegar a los pies del Templo de las Inscripciones, subieron por la escalera externa hasta la cima, y por el santuario decorado con la historia escrita de la familia, accedieron a las escalinatas internas.

Descendieron al corazón de la *sepultura-templo-pirámide*, y por unos pequeños corredores llegaron hasta la cámara funeraria, donde ya los esperaba el enorme sarcófago de piedra con su lápida desplazada, para introducir al Rey.

Antes de depositarlo en su morada final, la Dra. Mercedes explica que el cuerpo de Pakal fue liberado de los lienzos de algodón que le habían puesto y le colocaron sus joyas de jade: una diadema, collares, orejeras con colgantes de madreperla, una máscara elaborada con mosaicos de jade para cubrir su rostro, y a sus pies una figura del dios solar, entre muchas otras cosas. Deslizaron la lápida, y pusieron en el suelo vasijas con agua y alimentos.

Con un muro sellaron la pequeña cámara donde yacía el sarcófago, y justo en la entrada sacrificaron a cinco hombres y una mujer para que sus espíritus acompañaran al difunto. El corredor que unía las escalinatas con la cámara fue sellado con otro muro, pero antes pusieron más platos con alimentos y joyas.

La comitiva, concluye la Dra. Mercedes, subió hasta el exterior, y bajó de la pirámide por la parte externa, despidiéndose con cantos y oraciones. Pocos días después, la entrada que conducía desde el santuario donde está la historia de la familia, hacia el interior de la pirámide, fue sellada. Rellenaron con piedras y tierra las escalinatas internas, para dejar la cámara funeraria (y el sarcófago) completamente bloqueada y... oculta.

Después de Pakal reinaron sus dos hijos: primero el mayor Kan Balam II (635 – 702) que subió al trono en 683, reinó durante 18 años y construyó la Plaza de las Cruces (el centro religioso más importante de Palenque). Su lugar en el trono fue ocupado por su hermano Kan Joy Chitam (644 – 720), quien subió en el año 702 y siendo ya un anciano fue hecho prisionero en el año 711 por los guerreros de Toniná (situada al sur de Palenque, todavía dentro del estado de Chiapas).

Aunque no hay informes precisos, parece que rescataron al anciano, pero definitivamente perdieron la tranquilidad que les había heredado Pakal.

El tercer hijo, Tiwol Chan Mat (*Señor Cielo Cormorán*), fue el único de los tres hermanos que tuvo hijos y le dejo nietos a Pakal. Tiwol Chan Mat se casó con Ix Kinuuw Mat (*Señora Telaraña*), pero no alcanzó a gobernar pues murió joven y fue enterrado por su propio padre.

La periodista Adriana Malvido nos cuenta que en el año 721 subió al poder el nieto de Pakal, Kinich Ahkal Mo Naab III (*Tortuga de las Aguas Profundas*), pero enfrentó muchos problemas debido a la prematura muerte de su padre.

Palenque y sus gobernantes pasaron momentos difíciles. Lejos del esplendor y la paz del pasado, Toniná continuó causando muchos problemas; en aquella ciudad hay inscripciones que dan cuenta de las derrotas sufridas por Palenque.

Janaab Pacal III fue el último gobernante conocido de Palenque. Los escasos indicios señalan que subió al trono en el año 799, pero ya no se han encontrado registros escritos sobre sus posibles sucesores. Tampoco hubo más construcciones después del año 800. Paulatinamente comenzó el abandono de la ciudad, y se sabe que continuó habitada por unas pocas familias dedicadas a la agricultura, hasta que el lugar terminó por ser abandonado definitivamente. La selva comenzó a devorarlo todo.

Otras ciudades experimentaron problemas. Para el año 800, la sobrepoblación impactó seriamente el bosque tropical circundante que los había alimentado durante años. La deforestación ganaba terreno, el suelo se erosionaba, y para complicar más el desolador panorama, una sequía abrazó los territorios desde aproximadamente el año 850.

Existen registros de la sequía alrededor del año mil en la península de Yucatán, según comenta la arqueóloga Lourdes Toscano (en el documental *Exploración Maya*). También opina que la costumbre de hacer la guerra, que siempre estuvo presente en la sociedad maya, seguramente se intensificó por la falta de agua. Es difícil pensar que Palenque padeciera por la sequía, ya que ellos sufrían de inundaciones, pero también fue abandonada por las mismas fechas.

La arquitectura también contribuyó al deterioro. Entre los mayas el 'estuco' era un material muy apreciado. Lo usaban para decorar paredes y techos con inscripciones o relieves (las esculturas que sobresalen en las paredes). El arqueólogo José Uchim (también en

Exploración Maya), explica que para cubrir de estuco una pirámide como la del *Adivino*, en Uxmal, se necesitaron 4,900 árboles y cerca de 1,300 litros de agua (otro recurso escaso en Yucatán).

Los problemas agrícolas se tradujeron en una nutrición deficiente, aparecieron enfermedades, los habitantes comenzaron a sufrir saqueos, y la rígida organización política fue incapaz de revertir el proceso. La decadencia de la civilización maya era evidente y dramática.

Hay autores que afirman que todo está envuelto en un absoluto misterio y que no se sabe nada, pero también hay otros que atribuyen a la sobrepoblación y la invasión de pueblos bárbaros procedentes del norte (actual ciudad de México), el impulso que mandó al 'barranco de la historia' a la cultura maya clásica: el colapso fue rápido y fulminante alrededor del año 830.

EL PERIODO POSCLÁSICO

El año 950, marcó el declive de esta gran civilización y el inicio de una nueva etapa. Fue una época de intensos movimientos migratorios, y al mismo tiempo se dio el mestizaje con los pueblos provenientes del centro de México.

Los nuevos grupos, formados tanto por los nativos sobrevivientes como por los mestizos de población externa, pasaron varios siglos peleando entre ellos, buscando el dominio de las diferentes regiones, y con expresiones culturales muy pobres comparadas con las del Periodo Clásico.

Los *putunes*, también conocidos como *chontales*, fueron los mestizos que dominaron la península de Yucatán. En su mayoría eran mayas originarios del sur del estado de Tabasco, pero se mezclaron con nahuas y totonacas del centro, debido a las relaciones comerciales. Los putunes terminaron por romper el frágil equilibrio existente, para imponer un nuevo estilo de vida.

Una rama de los *putunes*, los *itzaes* (los que hablan la lengua entrecortada), lograron conquistar Chichen, para convertirla en Chichen Itzá, nombre que conserva hasta nuestros días. Esta ciudad mestiza dominó la península de Yucatán entre los años 950 y 1200. La arquitectura y el arte reflejan la influencia del centro de México, con elementos característicos de Tula (sitio arqueológico en el actual estado de Hidalgo), y desde luego de menor calidad comparada con el periodo anterior.

Las crónicas de esa difícil época describen que los cocomes de Mayapán derrotaron a los itzaes de Chichen Itzá por el año 1200, después de romper una alianza que tenían con ellos. Mayapán, localizado también en la península de Yucatán, al sureste de la actual ciudad de Mérida, asume el control político de la zona. Los grupos dominantes en Mayapán y los quichés que dominan Guatemala, paulatinamente retoman la lengua y la religión maya, liberándose de la fuerte influencia tolteca.

Todos estaban ocupados en el control político, en actividades cotidianas y luchando por sobrevivir, hasta que, de pronto, algo rompió la monotonía: la llegada de los conquistadores extranjeros.

El descubrimiento de Colon y el mestizaje, volvieron a unir a la familia humana que se había separado hacía ya muchos miles de años. Pero, de haber continuado aislados, americanos y europeos, con el tiempo, con mucho más tiempo, hubieran terminado por formar dos subespecies diferentes: quizá '*homo sapiens*' del viejo mundo y '*homo sapiens*' del nuevo mundo.

Si no hubiera existido Cristóbal Colón (1436 – 1506), ni los despiadados y sanguinarios conquistadores de México y Perú, Hernán Cortés (1485 – 1547) y Francisco Pizarro (1475 – 1541), recordaríamos al aventurero y sus carabelas, y a los militares con sus ejércitos de ignorantes y saqueadores, con otros nombres y apellidos; tarde o temprano tenía que ocurrir. Desde entonces, la cultura en ambos lados del atlántico, se transformó.

Poco antes de la conquista de México, en 1517, los españoles recorrieron por primera vez la península de Yucatán. Encontraron una serie de pequeños Estados enfrentados unos contra otros; los gobernantes de Mayapán habían sido derrotados por los guerreros de Uxmal. La península de Yucatán, se hallaba dividida en aldeas, que continuaban engarzadas en constantes e inútiles guerras.

Algunos grupos habían emigrado desde el centro de Guatemala (el Petén) hacia Yucatán, provocando más mestizaje con los habitantes locales. Estos movimientos explican el origen plural, de las tribus mayas que encontraron los españoles a su llegada: itzáes, xiús, cocomoes, tzeltales, lacandones, quichés, entre otros. Con la conquista, cada grupo se fue adaptando al cambio cultural, conservando rasgos particulares.

En 1524 inició la invasión de las tierras mayas, comandada por un personaje bestialmente cruel, además compañero de armas de Cortés: Pedro de Alvarado (1485 – 1541). Poco a poco fueron cayendo las diferentes zonas a manos de los conquistadores. La lucha continuó por muchos años y se prolongó hasta el siglo 20, con la Guerra de Castas en Yucatán, la Guerra Civil en Guatemala, o el Ejército Zapatista en Chiapas.

Pero los conquistadores no venían solos; también llegaron los evangelizadores, frailes y misioneros, y la 'peste endemoniada' conocida como *santa inquisición*. Mientras los religiosos enajenaban a los nativos, los españoles seguían saqueando aldeas y enviando enormes cargamentos de oro y plata a la corona española.

La política colonial en América recibió fuertes y constantes críticas por parte de los Dominicos del Convento de San Esteban, en Salamanca (España). No aceptaban la desigualdad entre españoles e indios, rechazaban la esclavitud, la guerra contra los infieles y el poder del papa sobre todo el mundo. Exigían la libertad y la independencia de los pueblos, incluso de los indios infieles, y promovieron la cristianización sin la intervención de los militares. En este ambiente se formó Pedro Lorenzo, según la biografía que le dedica el ex sacerdote jesuita, Jan de Vos (1936 – 2011).

También conocido como Fray Pedro Lorenzo de la Nada (? – 1580), estuvo en el convento de Salamanca en 1550. En el futuro sería reconocido por su incesante lucha por lograr el bien espiritual y material de los indios, la libertad de los pueblos, y la evangelización pacífica.

Fray Pedro Lorenzo entró por el puerto de Caballos (Honduras), y después de estar en la capital del reino de Guatemala, que comprendía desde Costa Rica hasta Chiapa (actual Chiapas), se dirigió al convento que sus hermanos dominicos tenían en Ciudad Real (hoy San Cristóbal de las Casas). Desde su llegada, se dedicó a la defensa de los indios. Si bien los dominicos criticaron desde Salamanca la política colonial española, también fueron responsables de la *infame* y *criminal* 'inquisición'.

En algún momento y por alguna razón, Fray Pedro Lorenzo entró en desacuerdo con sus hermanos religiosos. Abandonó para siempre el convento de Ciudad Real, se dirigió a Ocosingo y desapareció en la selva.

El fraile se había ganado un nutrido grupo de enemigos que con gusto lo hubieran crucificado, pues prohibió a los españoles tomar mujeres indígenas para su servicio. Nadie podía sacar de los pueblos a las mujeres contra su voluntad o por la fuerza, ni viudas ni huérfanas, pues el que osara desobedecer dicha orden se enfrentaría a una excomunión mayor (y su alma a cosas peores cuando llegara a 'incinerarse' al infierno).

En su pacífica labor educativa y evangelizadora, Fray Pedro Lorenzo consideraba que era mejor reunir a los indios en pueblos. Así que aprendió tzotzil, tzeltal, chol y chontal, y se dedicó a recorrer aldeas y chozas que estaban dispersas por toda la selva.

Poniendo en riesgo su propia vida, se reunió con jefes de aldeas enfrentadas entre sí, y al mismo tiempo rebeldes ante la autoridad española. Su capacidad de persuasión era tan efectiva, que los indios aceptaban su propuesta de paz y se reunían en pueblos nuevos. Fue así que fundó Tila, Yajalón, Bachajón y, desde luego, Palenque.

Jan de Vos aclara que después de abandonar el convento de Ciudad Real, Fray Pedro Lorenzo viajó a la laguna de Lacantún para invitar a los lacandones a aceptar la fe cristiana, y la vida en los pueblos; ellos rechazaron la invitación. Entonces el fraile caminó hacia el norte de la selva, donde todavía había muchas familias choles viviendo en pequeñas aldeas. Las invitó a que dejaran sus chozas para seguirlo a un pueblo que tenía pensado formar, cerca de unas ruinas maravillosas y de impresionante belleza.

Las ruinas de Palenque tenían muchos años abandonadas. Ocasionalmente habían sido habitadas por viajeros y cazadores, pero no por población permanente. En los alrededores habitaban los choles, quienes posiblemente no tenían mucha relación con los antiguos habitantes de Palenque durante su época de esplendor.

Con los indios que aceptaron su propuesta, Fray Pedro fundó en 1567 el pueblo de Palenque, a unos 10 kilómetros, aproximadamente, de la zona arqueológica. En esa época, los indios choles llamaban a las ruinas Otulum (el arroyo que cruza la zona, hasta la fecha, lleva ese nombre: río Otulum). Al investigar la traducción del nombre, el fraile descubrió que significa *lugar fortificado*, o *ciudad con murallas*.

Jan de Vos nos explica: Otot – casa, tul – fuerte, lum – lugar. Por lo tanto, algunos autores afirman que Fray Pedro Lorenzo lo tradujo como *lugar de casas fuertes* y decidió llamarlo Palenque, a partir de la palabra catalana *palenc* que significa fortificación. A pesar de las muchas opiniones sobre el tema, desde entonces, tanto las ruinas como el pueblo, son conocidos simplemente como Palenque.

Una vez elegido el sitio, Fray Pedro Lorenzo sembró maíz, construyó casas mientras maduraba el grano, y trasladó a la gente al pueblo celebrando una fiesta durante la primera cosecha. De igual manera fundó otros pueblos.

Posiblemente víctima de paludismo o de malaria, el incansable defensor de los indios murió en Palenque en 1580, veinte años después de su llegada a *Chiapa*. Por presión de sus hermanos dominicos de Ciudad Real, había una orden de aprehensión contra Fray Pedro Lorenzo *por andar ya más de diez años fuera de la obediencia de sus prelados*.

Vivió feliz sus últimos años entre Palenque y Guatemala, rodeado por los choles y los quechuas, que lo amaban a tal grado que lo consideraban un santo. En palabras de Jan de Vos, prefirió romper con sus superiores y desafiar a las autoridades, antes de traicionar su ideal de predicación pacífica y su amor por los indios.

Fray Pedro conoció la zona arqueológica, pero parece que no despertó ningún interés en otros españoles. Los vestigios de Palenque continuarían ocultos en el corazón de la selva, unos años más.

Las primeras noticias sobre las ruinas llegaron en 1734, cuando don Antonio de Solís, recién nombrado sacerdote de *Santo Domingo de Palenque*, buscando campos para cultivo llegó por casualidad a "casas de piedra": los indios choles conocían muy bien la zona y así la llamaban.

Unos años después, el Gobernador y Capitán General de Guatemala, José de Estachería (1727 – 1802), fue informado por el sacerdote Don Ramón de Ordoñez de las ruinas. A partir de ese momento, se disparó un proceso que aceleró la exploración de la zona.

Siendo Alcalde Mayor del pueblo de Santo Domingo de Palenque, José Antonio Calderón se trasladó al lugar por órdenes de José de Estachería en 1784. En su informe, el alcalde Calderón describió 220 edificios, 18 palacios, 22 grandes construcciones, y el resto solo casas.

El mismo Calderón dedujo que semejante ciudad había sido abandonada tres o quizá cuatro siglos antes, previo a la llegada de los españoles. Deducción hecha a partir del grosor de los árboles: cuatro o cinco varas de grueso (según descripción hecha por José Alcina, en su libro *Arqueólogos o Anticuarios*).

En algún momento el alcalde Calderón se preguntó sobre el origen de los edificios y palacios que había visto en Palenque. Llegó a la conclusión, por no parecer obra hecha por los *indios*, que habían sido construidos por los *romanos*, o quizá por las *tribus perdidas de Israel*.

El proceso que aceleró el descubrimiento, deterioro y descripción de las ruinas de Palenque, tuvo una variedad muy surtida de investigadores, arqueólogos, aventureros, curiosos, chismosos y encaminados, así como de dibujantes fieles y objetivos algunos, y otros en extremo especulativos y harto fantasiosos. Pero veamos a los más importantes.

Antes de que terminara el siglo, Estachería envió dos expediciones más: la primera en 1785, con el arquitecto Antonio Bernasconi, quien hizo un detallado estudio de las ruinas. La segunda en 1787 con el Capitán de Artillería Antonio del Río (1745 – 1789), quien elaboró un supuesto estudio sobre Palenque, dañando varias estructuras con excavaciones hechas de forma burda y absurda (hasta la fecha hay evidencias de los desastres del *capitán*).

Tras recibir los correspondientes informes en España, el Rey Carlos IV (1748 – 1819), ordenó más exploraciones. Guillaume Joseph Dupaix (1746 – 1818), viajero y arqueólogo austriaco (quien consideraba que el hombre americano provenía de la Atlántida), en compañía del dibujante Luciano Castañeda, fueron los primeros de una larga lista de exploradores durante el siglo 19.

El siguiente fue el Conde Frederic Waldeck (1766 – 1875), cuyo título y dibujos resultaron falsos. Vivió dos años en Palenque, levantó planos y copió –sin fidelidad– esculturas y estelas. El Dr. Eric Thompson, en su libro *Grandeza y Decadencia de los Mayas*, lo calificó como "un mal principio de la Arqueología Maya".

El Dr. Thompson mencionó además al inglés Lord Kingsborough (1795 – 1837), autor de *Antigüedades de México* en nueve volúmenes, quien era parte del equipo de los que estaban convencidos que los antiguos habitantes de Mesoamérica, eran descendientes directos de las *diez tribus perdidas* de Israel. Sin embargo, gracias a los libros de Lord Kingsborough, los especialistas han conocido réplicas de algunos códices actualmente desaparecidos.

Sin duda alguna, los más famosos de la lista de aventureros en Palenque fueron John Lloyd Stephens (1805 – 1852), y su dibujante Frederick Catherwood (1799 – 1854). Después de un penoso viaje lleno de calamidades como diluvios torrenciales y enfermedades infecciosas tropicales (enfermaron de malaria), lograron llegar a Palenque en 1840. Stephens era originario de Nueva Jersey y graduado de la Universidad de Columbia como abogado. Catherwood era arquitecto y pintor británico.

Stephens viajó por Europa, Constantinopla, Moscú, navegó por el Nilo y cruzó los desiertos de Israel y Jordania en Camello. Catherwood recién llegaba de Egipto e Israel, cuando decidió acompañar a Stephens a México y Sudamérica. Ambos exploradores visitaron más de 40 sitios mayas, y de la mayoría nunca se había tenido noticia.

Publicaron dos libros: *Incidentes de viaje en Centro América, Chiapas y Yucatán* de 1841, y dos años después, en 1843 *Incidentes de viaje en Yucatán*. Ambas obras han sido objeto de recientes ediciones, tanto en inglés como en español, y en su época fueron éxitos consumados.

El Dr. Thompson nos explica que Stephens ofreció a sus lectores descripciones de las ruinas, y lo hizo con un lenguaje interesante y libre de disparates sobre la Atlántida y demás especulaciones infundadas, muy comunes en boca de todo mundo durante el siglo 19 (y buena parte del 20). Además, Catherwood realizó extraordinarios dibujos de edificios y esculturas, que incluso ahora siguen siendo útiles. El interés por los mayas obtuvo gran impulso con los libros de Stephens y su dibujante Catherwood.

A finales del siglo 19 y principios del 20, el inglés Alfred Percival Maudslay (1850 – 1931) realizó las primeras investigaciones modernas y levantó planos topográficos. Publicó cinco volúmenes con fotografías de estelas, edificios, además de mapas y planos.

Acompañando a Maudslay, en 1897 Ernest Forstemann (1822 – 1906) hizo los primeros estudios para descifrar la escritura en las inscripciones de Palenque, pero con escasos resultados dada la enorme complejidad de los glifos mayas.

LA ESCRITURA MAYA

A partir de entonces, arqueólogos e investigadores de diferentes especialidades iniciaron una fructífera carrera que buscó no solo describir y clasificar objetos y edificios, sino reconstruir nada menos que la historia de la cultura maya.

En 1921 el gobierno de México por fin asumió el enorme reto: la exploración y reconstrucción de Palenque. Muchos edificios y basamentos piramidales están en verdadero estado de ruina; son poco más que montículos de piedra y hierba, donde apenas y sobresale algún vestigio de que abajo pudiera haber algo.

Entre 1925 y 1945, un equipo de arqueólogos nacionales y extranjeros comenzó a recuperar una parte de la zona. Por mencionar algunos, aunque la lista es sin duda incompleta, tenemos a Frans Bloom (1893 – 1963), Eduardo Noguera Auza

(1896 – 1977), Luis Rosado Vega (1873 – 1958), Alberto Escalona Ramos (1908 – 1960) o Miguel Ángel Fernández (1890 – 1945), entre otros.

Alberto Ruz Lhuillier (1906 – 1979), hijo de padre cubano y madre francesa, participó en la lucha contra el dictador cubano Gerardo Machado y Morales (1871 – 1939), por lo que sufrió persecución y frecuentes visitas a la cárcel (su padre y su abuelo también vivieron exiliados en Francia, y su primera esposa estuvo muchos años presa). Para evitarse más problemas, se trasladó a México en 1935, adquirió la nacionalidad y se graduó como arqueólogo de la naciente Escuela Nacional de Antropología.

Alberto Ruz trabajó varios años en el estado de Campeche como Director de Exploraciones Arqueológicas. En esa época envió una carta a las autoridades del Instituto de Antropología, señalando que la única manera de salvar Palenque de una destrucción mayor, era asignando un presupuesto para la reconstrucción de la zona arqueológica.

Imagen 26: Museo de historia, México.

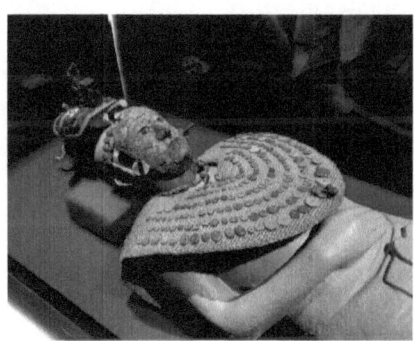

Con un donativo del amable millonario Nelson Rockefeller (1908 – 1979), y el apoyo del Instituto Nacional de Antropología, inició su trabajo a finales de 1949. Alberto Ruz Lhuillier, al frente de un equipo de arqueólogos como César Sáenz, Lauro Zavala, Agustín Villagra o Jorge Angulo, logró quitar maleza y escombros para restaurar y consolidar importantes templos y edificios. Recuperaron tableros con figuras, inscripciones jeroglíficas, relieves con figuras humanas y animales míticos.

El Templo de las Inscripciones es la construcción más importante de Palenque, y sin duda la más enigmática. Debe su nombre a que está formada por un basamento piramidal (o

137

pirámide), con un santuario en la parte superior, el cual está decorado en las paredes con cerca de 620 inscripciones o glifos, esculpidos en estuco. Solamente superado por Copán (Honduras), donde existen más inscripciones.

Después de varias temporadas de trabajo en la parte superior del Templo de las Inscripciones, Alberto Ruz observó en el suelo del santuario, cerca de las inscripciones, una serie de agujeros circulares, simétricos y con tapones de piedra. Retiraron los tapones y con cuerdas levantaron una gran losa: habían descubierto unas escalinatas secretas, que conducían hacia el interior de la pirámide, pero completamente tapadas con piedras y tierra.

Les tomó casi cuatro años consolidar la estructura y extraer escombros de las interminables escalinatas que conducían a las entrañas de la pirámide. Cuando por fin terminaron, en el fondo descubrieron una pared. Con las debidas precauciones la quitaron, y se encontraron con un oscuro pasillo, estrecho y húmedo, que terminaba en otra pared, pero de forma triangular. La escalofriante escena remataba con cinco esqueletos de hombres y uno de mujer, seguramente sacrificados, que como guardianes vigilaban algún misterio oculto en el interior.

El 13 de junio de 1952, después de dos días de trabajo, el misterio comenzó a revelar sus secretos. Retiraron la pared triangular y apareció una cámara funeraria, la primera *tumba real* encontrada en lo más profundo de una pirámide maya. En palabras de Alberto Ruz Buenfil, hijo de Alberto Ruz:

> Esa primera impresión que tuve al entrar a la cámara mortuoria fue muy fuerte. La cámara estaba completamente cubierta de estalactitas y estalagmitas, era realmente como entrar a una gran cámara de hielo, muy húmeda. Todo el piso estaba lleno de agua. La lápida me quedaba muy arriba. Las sensaciones eran indescriptibles (Carmen Mondragón Jaramillo, *A 60 años del hallazgo de la tumba de Pakal*).

Esparcidas en el piso había ofrendas de jade y cerámica, dos cabezas de estuco y un monumental sarcófago elaborado en un bloque monolítico con relieves delicadamente esculpidos.

El hijo de Alberto Ruz describe que su padre, en ese momento, no sabía que era una tumba, pues pensaba que había descubierto el más importante altar de la cultura maya, pero ya suponían que podía haber algo más. Unos meses más tarde, continúa Alberto Ruz Buenfil:

> *Apoyándose en una barreta de fierro, se percató que en realidad se trataba del borde de la tapa de un sarcófago, el polvo rojo del cinabrio le indicó que era un contexto fúnebre, obviamente había un entierro. El levantamiento de la lápida a 50 centímetros de altura, usando cuatro gatos hidráulicos, y la imagen de mi padre colándose al interior del sepulcro, forma ya parte de la leyenda (Carmen Mondragón Jaramillo).*

En las paredes exteriores del sarcófago, como vigías, encontraron nueve guerreros modelados en estuco, próximos a la pesada lápida que lo sellaba (pesaba casi siete toneladas). En el interior encontraron un esqueleto en avanzado estado de deterioro, con diadema, orejeras y una máscara de jade elaborada con mosaicos que los arqueólogos llaman *teselas*, y que con el tiempo terminaron desacopladas sobre los huesos de la cara del cadáver.

En una mano tenía una esfera y en la otra un cubo, ambos de jade. También encontraron un pectoral, collares, un brazalete en cada muñeca y anillos en ambas manos. Había otras piezas típicas de un funeral, y el esqueleto estaba cubierto de cinabrio.

El cinabrio fue una sustancia sagrada para los mayas. Por su color rojo intenso, representaba la sangre y por lo tanto la vida. Es un mineral formado con mercurio y azufre (los químicos lo llaman *sulfuro de mercurio*). Fácil de encontrar cerca de rocas volcánicas, ha sido usado para preservar huesos, en pinturas rupestres y mezclado con cera de abejas, para sellar de color rojo las cartas durante la Edad Media. El cinabrio es de uso restringido, ya que produce polvo o vapores de mercurio, extremadamente tóxicos.

Lo sorprendente era que la lápida, y el enorme y pesado sarcófago, estaban en una cámara muy estrecha, en el corazón de la pirámide, y el único acceso posible era por la escalinata secreta desde la parte alta. Entonces ¿cómo consiguieron los mayas 'meter' el monumental bloque monolítico dentro de la pirámide? Para responder esto, fue necesario explica *cómo* se construyó la pirámide.

Cavaron en la colina, colocaron el sarcófago y la lápida cuando no había nada, y entonces construyeron la cámara. A partir de ahí, empezaron a levantar toda la pirámide y el santuario en la parte superior. Finalmente, después de enterrar al difunto, sellaron la tumba con las dos paredes, echaron escombro en las escalinatas

139

internas, y pusieron encima una pesada losa de piedra, para dejar todo oculto.

La maestra Ana Luisa Izquierdo reflexiona que, a pesar del esfuerzo de los mayas por hacer la tumba inviolable, un hallazgo como este representa sacar a la luz el anhelo de eternidad de un hombre: es el vínculo del hombre de hoy, con el hombre maya de antaño.

La temporada de estudios en Palenque había concluido para el arqueólogo y su equipo, y una nueva y gran interrogante invadía su corazón ¿quién estaba enterrado en semejante *sepultura-templo-pirámide*? Alberto Ruz invirtió muchos años de estudio y análisis para entender a la cultura maya en Palenque. En 1973, veinte años después de su descubrimiento, publicó resultados sobre sus investigaciones hechas con los glifos encontrados; pero seguían sin saber quién era el personaje enterrado.

Al margen de la identidad del difunto, cuestión de primerísima importancia, desde el principio se desató otra gran polémica. Por un lado, Alberto Ruz y su equipo, acompañados por el antropólogo físico Arturo Romano Pacheco, consideraban que el personaje enterrado tenía entre 40 y 45 años de edad al momento de morir.

Por otro, los epigrafistas, especialistas en descifrar la compleja escritura maya, afirmaban que, por las fechas inscritas en la biografía, la persona enterrada había muerto a los 80 años de edad (el doble, lo cual parecía una grosería).

Por las mismas fechas, Linda Schele (1942 – 1998), en compañía de otros epigrafistas, anunció que habían interpretado correctamente las fechas a partir de las inscripciones. Confirmaron que la edad de muerte se mantenía en 80 años. Pero había más noticias.

Informaron, al mundo entero, quién era el personaje enterrado en la tumba que había descubierto Alberto Ruz dos décadas atrás: nada menos que el *Rey Pakal*. El mismo que reconstruyó la ciudad después de dos grandes ataques de sus enemigos, y mandó edificar no solo el Templo de las Inscripciones para albergar su propia tumba, sino varios de los edificios más sorprendentes de la magistral ciudad de Palenque.

Sin embargo, para echar más leña al fuego, e incrementar con más historias la polémica, un especialista en 'ciencias del espacio' y 'la quinta dimensión extraterrestre', afirmó que Pakal era *un astronauta*. Deducción hecha a partir de la interpretación de los símbolos tallados en la enigmática lápida de su sarcófago. El responsable de semejante temeridad, fue el científico ruso

Alexander Petrovitch Kazantsev (1906 – 2002): aseguró que Pakal ni siquiera era de origen maya, y que viajaba en un cohete propulsado con energía solar.

Para fortuna nuestra –y el honor de Pakal–, hay otras *interpretaciones* de su simbólica lápida. En el libro de Carmen Mondragón, encontramos un comentario de la doctora Mercedes de la Garza que describe los símbolos, donde el propio Pakal *hizo esculpir una gran imagen cósmica que definía su sitio en el universo, como ser humano y como gobernante. Ahí está él, recostado sobre el mascarón descarnado que representa el aspecto de muerte del dios supremo, que era un dragón bicéfalo* (Carmen Mondragón Jaramillo, *A 60 años del hallazgo de la tumba de Pakal*).

En 1979 murió en paz el arqueólogo Alberto Ruz Lhuillier. Sus cenizas acompañan a Pakal, el Grande, en una pequeña tumba, apenas visible frente al Templo de las Inscripciones. La Dra. Mercedes de la Garza afirma que los deudos del gran señor de Palenque, no imaginaron que 1269 años después, un hombre que supo respetarlos y amarlos, Alberto Ruz, descubrió la importante sepultura, dando así a Pakal la inmortalidad también en este mundo.

Pero ¿cómo fue que Linda Schele y sus colegas lograron deducir que Pakal era el difunto? ¿Cómo descifraron la compleja escritura maya? Veamos primero, la diferencia entre lenguaje fonético y lenguaje simbólico o ideograma.

Cuando un lenguaje escrito es de carácter fonético, como ocurre con las palabras que forman este texto, los lingüistas terminan por descifrarlo tarde o temprano, ya que consta de unos pocos signos, que en nuestro caso corresponderían a las letras del alfabeto. Por otro lado, tenemos que un disco con un punto en el centro representaba al sol en los jeroglíficos egipcios, y dicho símbolo es un *ideograma* que se puede leer en cualquier idioma, porque no es una escritura fonética.

El lingüista ruso Yuri Valentinovich Knorosov (1922 – 1999) fue uno de los primeros en afrontar el problema de la escritura maya. Él pensaba que, dada la gran cantidad de signos, tenía que estar formada por la combinación de *ideogramas* y caracteres fonéticos; es decir, por símbolos que representan cosas y por letras de un alfabeto hablado.

Con el tiempo, lo primero que lograron descifrar fue las fechas registradas en los calendarios mayas. Gracias a los aportes de Ernest Forstemann y otros, el mecanismo completo del sistema

141

calendárico y los símbolos relacionados con el cómputo del tiempo, eran conocidos.

En 1940, el antropólogo e historiador alemán Heinrich Berlin (1915 – 1988) trabajó en Palenque con la arquitecta y epigrafista rusa Tatiana Proskouriakoff (1909 – 1985). Juntos lograron identificar *glifos* que representaban lugares o sitios específicos: los topónimos. Continuaron trabajando, hasta que descifraron otros símbolos que distinguían a las familias reinantes en dichos lugares: las dinastías.

En 1950 el Dr. Eric Thompson (1898 – 1975) publicó *Escritura Jeroglífica Maya: una introducción*. El libro resumía todos los conocimientos obtenidos hasta esa fecha, y proporcionaba información básica sobre los patrones gramaticales.

Poco después Ruz descubrió la tumba de Pakal, confirmando las hipótesis del antropólogo alemán, Heinrich Berlin, sobre los glifos que relacionaban topónimos con dinastías (lugares con personas de la realeza). Berlin comenzó a deducir que las inscripciones encontradas en Palenque, describían acontecimientos históricos, y se referían a las figuras humanas que adornaban la lápida del sarcófago de Pakal, pero todavía era imposible *leer* los glifos.

Tatiana Proskouriakoff se trasladó a trabajar a Piedras Negras, Guatemala, un lugar rico en inscripciones. Al cabo de un tiempo logró reconocer los glifos correspondientes a las palabras *nacimiento* y *ascenso*, ambas vinculadas a una fecha y a un rey. Ella supuso que correspondían a la 'fecha de nacimiento' y el momento en el que el rey en cuestión 'sube al trono'. Identificó más glifos que parecían ser el nombre o el título de los personajes. Algunos símbolos parecían ser verbos y otros sujetos, los cuales tenían relación con el orden gramatical propuesto por el Dr. Thompson. Los especialistas estaban a punto de lograrlo.

El antropólogo estadounidense Floyd Glenn Lounsbury (1914 – 1998), el arqueólogo australiano Peter Mathews, en compañía de Linda Schele, después de años de estudio e investigación, lograron, por fin, dar el último paso. Fueron capaces de *leer* o interpretar la compleja y enigmática escritura maya.

En un evento conocido como la Primera Mesa Redonda sobre la Cultura Maya, celebrada en *Palenque* en 1973, dieron a conocer los resultados de sus investigaciones: la historia de doscientos años de la familia real de Palenque.

Imagen 27: Glifos mayas.

Para lograr semejante proeza, se basaron en los trabajos de Yuri Knorosov, Tatiana Proskouriakoff y Heinrich Berlin principalmente, pero también contribuyeron el arqueólogo canadiense David Humiston Kelly (1924 – 2011), la historiadora del arte Merle Green Robertson (1913 – 2011), el historiador George Alexander Kubler (1912 – 1966), y el extenso catálogo de glifos mayas elaborado por el Dr. Eric Thompson, entre muchos otros estudiosos que con un profundo amor por los mayas, dedicaron muchos años de estudio y análisis.

La investigación fue larga y compleja, con momentos muy difíciles porque parecía que llegaban a callejones sin salida. Pero, gracias a todos ellos, podemos disfrutar de la extraordinaria vida de Pakal, de sus antepasados, de sus hijos, de sus enemigos y sus batallas. Los mayas nos hablan a través del tiempo, y ahora conocemos mejor su historia.

Dada la relevancia internacional que estaba adquiriendo la zona arqueológica de Palenque, en 1981 fue declarado *Parque Nacional* por el gobierno de México (más vale tarde…). La Unesco lo declaró Patrimonio de la Humanidad, en 1987.

Para 1992, poco antes del fin de la guerra civil que diezmara a las comunidades mayas en Guatemala, se otorgó el *Premio Nobel de la Paz* a Rigoberta Menchú. Dos años después estalló el levantamiento zapatista en el estado de Chiapas, México. Los mayas, desde la conquista española, siguen en pie de guerra, luchando por sus derechos, por su cultura, sus tradiciones y sus tierras.

El mundo pensaba que la zona arqueológica de Palenque había dado a conocer todos sus secretos, y que se llenaría de turistas. Pero faltaba algo. Unos meses más tarde, cuando los noticieros seguían ocupados con el Ejército Zapatista, con las atrocidades cometidas en la 'espantosa' guerra de Guatemala, o con las

143

'inhumanas' condiciones de los indígenas de Chiapas; entonces, sin que nadie lo sospechara, los arqueólogos descubrieron otra sorpresa.

LA REINA ROJA

Esta historia comenzó el 11 de abril de 1994. El equipo de arqueólogos de Arnaldo González Cruz, lleva dos años trabajando en Palenque. En el Templo de las Inscripciones, famoso por la tumba de Pakal, hay tres edificios anexos: el Templo XIII, el Templo XII–A y el Templo de la Calavera. A la joven arqueóloga Fanny López Jiménez le asignaron trabajar en dichos templos: estaban llenos de escombro y maleza, y alejados de la mano de los arqueólogos.

Aquella mañana de abril, Fanny corría impulsada por la emoción, tenía que informar a su jefe Arnaldo, del hallazgo de una tumba 'llena de jade'. La periodista Adriana Malvido describe el momento que vive Fanny: "Su corazón late con fuerza, sus ojos brillan y no puede creer lo que acaba de encontrar en el Templo de la Calavera" (Adriana Malvido, *La noche de la Reina Roja*).

En su carrera, pasó frente al montón de escombros en que se había convertido el Templo XIII. Gracias al desmoronamiento de una parte de la escalinata, Fanny, en ese momento, por alguna razón, observó algo que parecía una puerta escondida en medio de la maleza.

Dudó. No sabía si continuar para informar sobre la tumba recién descubierta, o acercarse para examinar las entrañas del templo. Ganó su curiosidad, y con un pequeño espejo que le prestó uno de sus trabajadores, dirigió unos temblorosos rayos de sol a través de una pequeña hendidura, que se abría en la parte superior de la puerta secreta; apenas logró identificar un pasillo estrecho. Inmediatamente comprendió que el Templo XIII había sido construido encima de una pirámide, y que seguramente lleva muchos años oculta.

Con autorización de su jefe, Arnaldo Cruz, al día siguiente Fanny abrió la puerta secreta. Caminó por el oscuro pasillo, acompañada por su amigo y colega Gerardo Fernández, a quien le tocó filmar los primeros pasos en más de mil años, por ese *túnel del tiempo*. Al final había tres cámaras: la de en medio estaba tapada con una pared, y las de los lados vacías.

Desde aquella primera visita hasta que descubrieron el misterio oculto en la cámara, transcurrieron dos meses de intenso trabajo. Era necesario limpiar la entrada, retirar la maleza y consolidar el templo y la estructura interna, para facilitar los trabajos de recuperación, y evitar cualquier deterioro o daño. Hasta el más insignificante rincón podía contener información útil.

Llegado el momento para averiguar qué había en el interior de la cámara cerrada, decidieron hacer una pequeña perforación en la pared, para evaluar posibles riesgos o daños.

Con el primer golpe del martillo, el cincel liberó un soplo de aire frío empujado por la presión del interior. Después de echar un vistazo, en todo Palenque se escuchó el grito de júbilo: ¡es una tumba! Fanny derramó lágrimas por la emoción.

De nuevo, una gran cantidad de trabajos previos. Recubrimientos en el exterior para evitar filtraciones de agua, la escritura de muchas notas para describir los hallazgos y las técnicas empleadas, elaboración de planes y diseños para continuar durante las etapas críticas, y la pregunta que no dejaba dormir ¿quién pudiera estar enterrado ahí?

Imagen 28: Templos en Palenque.

Luego de retirar completamente el muro, en la cámara central encontraron un sarcófago de piedra caliza, pintado de color rojo y tallado en una pieza. Encima, sellando el contenido, una enorme y pesada lápida. En ese momento no podían abrir el sarcófago, pues la lápida tenía muchas piezas arriba, como una ofrenda.

A los lados yacían dos esqueletos sacrificados: al parecer una mujer y un joven. Por lo tanto, dedujeron que había otro *personaje real* en el interior. Así que, todo terminó con más dudas, entre los miembros del equipo: no había inscripciones, ni esculturas de

145

relieve en las paredes. Nada que ofreciera pistas sobre la historia del difunto.

La tumba de Pakal, en el templo vecino, contenía gran cantidad de información en glifos e inscripciones, tanto en el sarcófago como en las paredes de la cripta funeraria. Pero en el Templo XIII no había nada.

El calendario señalaba 31 de mayo (1994), todos los equipos se prepararon desde temprano para iniciar los trabajos programados para ese día: levantar la lápida del sarcófago.

Era una operación muy compleja, por varias razones. Primero, había que retirar las piezas que tenía arriba. Después era fundamental diseñar un mecanismo para levantar la lápida (de varias toneladas de peso), con el propósito de asegurar que no se fracturaría, ni se dañaría, y menos aún que se pudiera desplomar en pedazos hacia el interior, pulverizando el esqueleto.

Antes que nada, recogieron poco a poco, con sumo cuidado, los huesos de las dos personas sacrificadas. A continuación, Fanny y Katya Perdigón retiraron todo lo que estaba encima de la lápida: una pieza de cerámica para incienso, un fragmento de hueso con un agujero en medio que las mujeres mayas usaban para hilar (es frecuente en los entierros femeninos y los arqueólogos lo llaman malacate), entre otros objetos y mucho polvo.

Una vez libre, se hizo evidente un orificio en la lápida por el que pudieron asomar un ojo: lograron ver partes del esqueleto y piezas de un material que parecía jade. El orificio es conocido como *psicoducto*, y de acuerdo a las tradiciones mayas, servía para que el mundo de los muertos mantuviera algún contacto con el exterior.

La emoción invadió a todos los miembros del equipo, pero tenían que ser pacientes para levantar la pesada lápida, con el mecanismo diseñado por Arnoldo. Con un taller provisional de carpintería y otro de herrería afuera del templo, fabricaron un soporte especial, instalaron cuatro gatos hidráulicos y, cuando se dieron cuenta, ya era de noche, pero todavía faltaban muchos detalles.

Los alcanzó la madrugada cuando terminaron de instalar todo (cualquiera exigiría pago por horas extras, pero no estos arqueólogos). Por fin, solo tenían que coordinar el movimiento de los gatos hidráulicos, y deslizar suavemente la lápida sobre el soporte fabricado.

Los gritos, los aplausos, las felicitaciones y las *máscaras contra gases*, reflejaban el éxito de la operación. El esqueleto estaba completamente cubierto de cinabrio rojo, igual de tóxico que el de

Pakal; así que el personal directamente involucrado en el levantamiento de la lápida, tenía que protegerse con máscaras contra los nocivos y bien añejados vapores.

Suponían que era mujer, precisamente por la falta de inscripciones en las paredes o el sarcófago. Además de los huesos pintados con cinabrio rojo, la persona ahí enterrada tenía una extraordinaria máscara elaborada con muchas piezas, como mosaicos (los llamados *teselas*). Después confirmaron que eran de malaquita. Jades, perlas y conchas rodeaban al esqueleto. También tenía orejeras como enormes aretes, pulseras, una bella diadema de jade, collares igual de malaquita y cuatro pequeñas navajas de obsidiana.

Por las ofrendas, los dos cuerpos sacrificados y las demás piezas encontradas, era obvio que el personaje había pertenecido a la nobleza, pero se repetía la historia: ¿quién era el difunto?

Con Pakal fue necesario esperar un tiempo, poco más de dos décadas, para poder *leer* su historia. Pero aquí no había inscripciones que descifrar. Tenían que deducir la identidad a partir de las evidencias encontradas. Los científicos detectives, comenzaron su trabajo.

El primero que llegó a la escena fúnebre, fue el afamado antropólogo físico Arturo Romano Pacheco. No necesitó siquiera tocar los huesos; solo con examinarlos visualmente, dijo que había sido mujer, tenía entre 38 y 40 años al momento de morir, y su estatura aproximada habría sido de 1.58 metros.

Arnoldo, el jefe del equipo, decidió bautizarla como *La Reina Roja*, sobrenombre por el que la conocemos hasta la fecha. Su hallazgo, y el enigma de su identidad, alcanzaron fama mundial. Tanto Fanny como Arnoldo fueron entrevistados por cientos de reporteros y corresponsales extranjeros, así como por colegas, autoridades, curiosos, aficionados a la Arqueología y público en general. Las imágenes de la Reina en su sarcófago, con sus ofrendas y teñida de color rojo intenso con *cinabrio*, han dado la vuelta al mundo.

Sin embargo, lejos de la fama, los investigadores seguían atormentados, con interminables noches de insomnio: ¿quién pudiera ser? Las hipótesis saltaron por los aires. Podía tratarse de la madre de Pakal (Sak Kuk o *Quetzal Blanco*), o de la bisabuela (Yohl Iknal o *Señora Corazón del Lugar del Viento*), quizá la esposa de Pakal (Tzak bu Ahau o *Señora de la Sucesión*), o tal vez la esposa de Tiwol Chan Mat, el tercer hijo, llamada Ix Kinuuw Mat y conocida como *Señora Telaraña*.

147

Fanny fue la encargada de recuperar los huesos de la Reina para su traslado. Lo hizo con un cuidado infinito, como si se tratara de un ritual sagrado. Después del viaje, el primer proceso que recibió la osamenta fue de limpieza, restauración y consolidación. María Barajas Rocha fue la encargada, y para su trabajo usó un químico llamado *resina termoplástica*. Entonces pasó a manos de los antropólogos físicos.

El Dr. Arturo Romano analizó los huesos en su laboratorio de Ciudad de México, confirmando sus conclusiones preliminares: era un esqueleto femenino. En cuanto a las personas sacrificadas que acompañaban a la Reina, una había sido un niño de entre 8 y 11 años de edad; la otra una mujer de entre 25 y 35 años, con incrustaciones de piedra y jade en los dientes (típicas de la nobleza).

La Dra. Vera Tiesler Blos, profesora e investigadora de la Universidad de Yucatán, calculó la edad de muerte para la Reina en 56 años. También dijo que medía cerca de 1.55 metros de estatura, y al momento de morir sufría *osteoporosis crónica*.

La Dra. Tiesler realizó varios intentos para extraer muestras de ADN, con el objeto de identificar si podía tratarse de la madre o la abuela de Pakal, pero era imposible pues el cinabrio había teñido de rojo hasta el núcleo de las células óseas. Pero no se dio por vencida, y logró contactar a un investigador. El Dr. Carney Matheson, director de un laboratorio arqueológico en una universidad de Ontario, Canadá, era famoso por haber obtenido ADN de un neandertal (mucho más difícil, dada la antigüedad superior a los treinta mil años).

Mientras el Dr. Matheson buscaba ADN en lo más recóndito de los huesos de la Reina, Vera Tiesler consiguió una reconstrucción del rostro y la cabeza. Para ello, usó las imágenes y las medidas del cráneo.

Como una pieza para el museo de cera, pero en lugar de un escultor del museo, lo había logrado una artista en medicina forense: Karen Taylor. Especialista en reconstrucción facial, trabajó para el FBI en la identificación de cadáveres.

La imagen del rostro le permitió a Vera Tiesler compararla con los relieves elaborados con estuco en el sarcófago de Pakal, y en las paredes de otro edificio conocido como *El Palacio*. A partir de dichas comparaciones, Vera se inclinaba a pensar en el parecido con la esposa.

Pero faltaba confirmar los análisis genéticos para descartar que la Reina Roja tuviera parentesco directo con Pakal (madre o abuela). Finalmente, después de dos años de trabajo, el Dr. Matheson logró extraer la evasiva molécula de ADN, y confirmó las sospechas de Vera: no había relación de parentesco directo, ni madre, ni abuela, ni hermana. Por lo tanto, las posibilidades se reducían y solo podía ser la esposa o la nuera.

La periodista Adriana Malvido, en su extraordinario libro *La noche de la Reina Roja*, resumió los resultados: todo parecía indicar que se trataba de la esposa de Pakal, Tzak bu Ahau o *Señora de la Sucesión*.

- Gobernó con su esposo
- Su tumba está junto a la de Pakal
- El ADN confirmó que no eran parientes directos
- Los retratos en los tableros de Palenque se parecían más a ella
- Las similitudes entre las tumbas de Pakal y la Reina Roja

Tzak bu Ahau no era originaria de Palenque. Se sabe que venía de un lugar que se localiza en el estado de Tabasco, al norte de Chiapas, y que corresponde a un sitio arqueológico llamado actualmente *Cerro Limón*. Otra evidencia muy fuerte fue que su máscara funeraria no había sido elaborada con jade (situación que en su momento dejó perplejos a los arqueólogos), sino con otro mineral llamado malaquita, y en Cerro Limón había un yacimiento de este material.

Si se encontrara la tumba de alguno de sus tres hijos, habría más evidencias para confirmar su identidad por estudios de ADN. Pero hasta el momento de la redacción del presente texto, el paradero de los tres hijos seguía siendo desconocido.

¿Cuántas sorpresas permanecen ocultas en Palenque? Los templos y la selva continúan guardando con *paciencia* sus secretos. Dialogamos con nuestros antepasados para conocer quiénes somos y de dónde venimos. Y mientras filosofamos y nos hacemos más humanos con tantas preguntas, la historia de la Reina Roja comenzó su último capítulo.

El 15 de junio de 2012, después de 18 años en el laboratorio de Arturo Romano Pacheco (donde le hicieron una gran cantidad de estudios), los restos de la Reina Roja fueron preparados para su último viaje. En compañía de las dos personas sacrificadas en su tumba, viajaron de regreso a Palenque en una camioneta del Instituto Nacional de Antropología e Historia de México.

Permanecen en una bodega del sitio arqueológico, en condiciones especiales que garantizan su conservación. Su cripta presenta exceso de humedad, y dada la avanzada edad de la Reina, es imprescindible evitar cualquier riesgo que deteriore su delicado estado.

Fanny la encontró en 1992, bajo la dirección de Arnoldo el equipo de arqueólogos la rescató, y Arturo Romano y Vera Tiesler la estudiaron con mucho cariño en la Ciudad de México (y en el extranjero). Finalmente, regresó para continuar descansando en paz con los suyos, rodeada por su selva, sus templos y sus pirámides, arrullada por los monos aulladores, alumbrada por las luciérnagas.

Los actuales mayas permanecen en pie de guerra, sobreviviendo. Los antiguos mayas continúan luchando contra el tiempo, para perdurar y permanecer entre nosotros, tienen algo que decirnos. Los arqueólogos mantienen la búsqueda, entre las piedras y la tierra, en los laboratorios y las bibliotecas.

Y los que tenemos la suerte de conocer su historia, conservamos el mito y el enigma de la Reina, en nuestros corazones teñidos por el cinabrio rojo de la fascinación.

BIBLIOGRAFÍA

LIBROS

- Acuña Alonso, Víctor (2005). *Antropología física, racismo y antirracismo*. Estudios de Antropología biológica, Volumen XII. Conaculta – INAH: México.
- Agusti, Jordi (2003). *Fósiles, genes y teorías: diccionario heterodoxo de la evolución*. Tusquets Editores: Barcelona.
- Agusti, Jordi (2000). *Antes de Lucy, el agujero negro de la evolución humana*. Tusquets Editores: Barcelona.
- Alcina Franch, José (1995). *Arqueólogos o anticuarios*. Ediciones del Serbal: Barcelona.
- Allen, Bill (2003). *Los orígenes del hombre, de los primeros homínidos al Homo Sapiens*. Editado por National Geographic Society y Editorial Océano: México.
- Armstrong, Karen (2008). *La historia de la Biblia*. Colección Debate de Random House Mondadori: México, D.F.
- Asimov, Isaac (1973). *Enciclopedia biográfica de ciencia y tecnología*. Revista de Occidente: Madrid.
- Asimov, Isaac (1988). *Guía de la Biblia: Antiguo Testamento*. Plaza y Janes Editores: Barcelona.
- Asimov, Isaac (1988). *La tierra de Canaán*. Alianza Editorial: Buenos Aires.
- Asimov, Isaac (1993). *Guía de la Biblia: Nuevo Testamento*. Plaza y Janes Editores: Barcelona.
- Asimov, Isaac (1999). *El Imperio Romano*. Alianza Editorial: Madrid.
- Asimov, Isaac (1999). *La república Romana*. Alianza Editorial: Madrid.
- Asimov, Isaac (2001). *Los egipcios*. Alianza Editorial: Madrid.

- Asimov, Isaac (2005). *El cercano oriente*. Alianza Editorial: Madrid.

- Asimov, Isaac (2008). *Los griegos*. Alianza Editorial: Madrid.

- Bianchi Bandinelli, Ranuccio (1982). *Introducción a la Arqueología*. Ediciones Akal: Madrid.

- Blaschke, Jordi (1999). *Cómo encontrar y reconocer fósiles de dinosaurios*. Ediciones RobinBook: Barcelona.

- Braidwood, Robert (1988). *El hombre prehistórico*. Fondo de Cultura Económica: México.

- Briggs, Hilton M. (1969). *Razas modernas de animales domésticos*. Editorial Acribia: Zaragoza, España.

- Browne, Janet (2008). *La historia de El origen de las especies*. Colección Debate de Random House Mondadori: México.

- Campillo Álvarez, José Enrique (2011). *El mono obeso*. Editorial Crítica: Barcelona.

- Carpiceci, Alberto Carlo (2004). *Arte e historia de Egipto: 500 años de civilización*. Casa Editrice Bonechi: Florencia.

- Calvet, Louis Jean (2007). *Historia de la escritura, de Mesopotamia hasta nuestros días*. Bolsillo Paidós: Barcelona.

- Clottes, Jean (2002). *La Prehistoria explicada a mis nietos*. Random House Mondadori: Barcelona.

- Coppens, Yves (2012). *Últimas noticias de la Prehistoria*. Tusquets Editores: México.

- Darwin, Charles (1993). *Autobiografía*. Alianza Editorial: Madrid.

- Darwin, Charles (2003). *Diario del viaje de un naturalista alrededor del mundo*. Espasa Calpe: Madrid.

- Darwin, Charles (2009). *El origen del hombre, la selección natural y la sexual*. F. Sempere y Ca, Editores: Valencia.

- Darwin, Charles (2014). *El origen de las especies*. Introducción de Richard E. Leakey. Editorial Porrúa: México.

- Davies, Merryl Wyn (2005). *Antropología para principiantes*. Editorial Era Naciente: Buenos Aires.

- De Beer, Gavin (1970). *Atlas de evolución*. Ediciones Omega: Barcelona.

- De la Fuente, Beatriz (1993). *La escultura de Palenque*. El Colegio Nacional: México.

- De la Garza, Mercedes (2000). *Los misterios de Palenque*. Conaculta y revista México Desconocido: México.

- De Perthuis, Bertrand (editor) (2005). *Larousse del caballo*. Ediciones Larousse y Spes Editorial: México.
- De Vos, Jan (1980). *Fray Pedro Lorenzo de la Nada*. Libro sin editorial: Chilón, Chiapas, México.
- Delibes de Castro, Germán (2006). *Gran Atlas histórico*. Ed. Planeta: España.
- Eiroa, Jorge Juan (2003). *Nociones de Prehistoria general*. Editorial Ariel: Barcelona.
- Estanislawski, Estanislao y Estanislawski, Silvia (2002). *El descubridor del oro de Troya: Heinrich Schliemann*. Pangea Editores: México.
- Finkelstein, Israel y Siberman, Neil Asher (2003). *La Biblia desenterrada*. Siglo XXI Editores: Madrid.
- Gaarder, Jostein (2009). *El mundo de Sofía*. Grupo Editorial Patria y Ediciones Siruela: México.
- Garassino, Alessandro y Stioppato, Marco C. (2006). *Fósiles*. Grijalbo Naturaleza: Barcelona.
- González Martín, Ana María (2006). *La Prehistoria, vida y costumbres en la antigüedad*. Edimat Libros: Madrid.
- Gordon Childe, Vera (1981). *Los orígenes de la civilización*. Fondo de Cultura Económica: México.
- Gould, Stephen Jay (1983). *Desde Darwin, reflexiones sobre historia natural*. Hermann Blume Ediciones: Madrid.
- Gould, Stephen Jay (2004). *Dientes de gallina y dedos de caballo*. Editorial Crítica: Barcelona.
- Grant, Robert y Tracy, David (1984). *A short history of the interpretation of the Bible*. Macmillan Publishing Co: United States.
- Grupo Editorial Planeta (2008). *Choles y Chontales*, en la Enciclopedia de México, Tomo 2.
- Harari, Yuval Noah (2014). *De animales a dioses, breve historiade la humanidad*. Penguin Random House Grupo Editorial: México.
- Izquierdo, Ana Luisa (1987). *Alberto Ruz Lhuillier, frente al pasado de los mayas*. SEP: México.
- Kimball, John W. (1982). *Biología*. Fondo Educativo Interamericano: México.
- Leakey, Richard (1981). *El origen del hombre*. CONACYT: México.

- Leakey, Richard y Roger Lewin (1994). *Nuestros orígenes, en busca de lo que nos hace humanos*. Editorial Crítica: Barcelona.

- Leakey, Richard y Roger Lewin (1998). *La sexta extinción, el futuro de la vida y de la humanidad*. Tusquets Editores: Barcelona.

- Levi-Strauss, Claude (1984). *El pensamiento salvaje*. Fondo de Cultura Económica: México.

- Malvido, Adriana (2012). *La noche de la Reina Roja*. Consejo Nacional para la Cultura y las Artes: México.

- Martin, Simon y Grube, Nikolai (2002). *Crónica de los reyes y reinas mayas*. Planeta: México.

- McHeyman, Josiah. (2006). History of Anthropology. Artículo tomado de *Encyclopedia of Anthropology*. H. James Birx, editor. Sage Publications: California.

- Olmedo Vera, Bertina (2001). Los mayas del clásico, en *Los mayas del periodo clásico*. Jaca Book SpA: Milán.

- Pilbeam, David (1981). *El ascenso del hombre*. Editorial Diana: México.

- Pérez-Granados, Alejandro y Molina, María de la Luz (2009). *Biología*. Editorial Santillana: México.

- Picq, Pascal (2011). *Darwin y la evolución explicados a nuestros nietos*. Espasa Libros: Madrid.

- Querol, María Ángeles (1998). *De los primeros seres humanos*. Editorial Síntesis: Madrid.

- Reader, John (1981). *Eslabones perdidos, en busca del hombre primigenio*. Fondo Educativo Interamericano: Londres.

- Sánchez, María del Carmen y Ruiz, Rosaura (2006). *La evolución, antes y después de Darwin*. Dirección General de Divulgación de la Ciencia, UNAM: México.

- Santa Biblia, Antiguo y Nuevo Testamentos. Versión Reina-Valera actualizada (1989). Editorial Mundo Hispano: El Paso, Texas, EU.

- Schele, Linda y Freidel, David (1999). *Una selva de reyes, la asombrosa historia de los antiguos mayas*. Fondo de Cultura Económica: México.

- Seinandre, Erick (2005). *Los orígenes del hombre, ¿de dónde venimos?* Editorial Larouse: París.

- Soustelle, Jaques (1988). *Los mayas*. Fondo de Cultura Económica: México.

- Tejeda Muñoz, María Teresa (2013). *La selva lacandona, un tesoro en peligro*. Tesis: México.
- Thompson, J. Eric (1984). *Grandeza y decadencia de los mayas*. Fondo de Cultura Económica: México.
- Tyldesley, Joyce (2005). *Los descubridores del antiguo Egipto*. Ediciones Destino: Barcelona.
- Wells, Spencer (2007). *El viaje del hombre, una odisea genética*. Editorial Océano: México.
- White, Edmund y Dale Brown (1976). *El primer hombre*. Editado por Time Life International: México.
- Wicander, Reed y Monroe, James (2000). *Fundamentos de Geología*. Thomson Editores: México.
- Willermet, Cathy (2006). *History of Paleoanthropology*. Artículo tomado de *Encyclopedia of Anthropology*. H. James Birx, editor. Sage Publications: California.

HEMEROGRAFÍA

- Antón, Jacinto (2004). *Hallado en Barcelona el posible ancestro común del hombre y los grandes monos*. Publicado el 19 de noviembre de 2004 en el diario El País: España, p. 25.
- Antón, Jacinto (2005). *Krakatoa, el viejo padre del gran "tsunami"*. Publicado el 16 de enero de 2005 en el suplemento Domingo del diario El País: España.
- Antón, Jacinto (2012). *90 años con Tutankamón*. Publicado el 2 de noviembre de 2012 en el diario El País: España.
- Arqueología Mexicana (2014). *Tumbas de la antigüedad, Mesoamérica y el mundo*. Edición especial número 58, octubre de 2014: México.
- Aznárez, Malén (2008). *Mente es un término tabú en ciencia*, entrevista al científico Manuel Martín-Loeches. Publicado el 16 de agosto de 2008 en el suplemento Babelia del diario El País: España, p. 11.
- Bauzá, Hugo Francisco (2009). *La Troya homérica: de Schliemann a Korfmann*. Comunicado del Dr. Hugo Francisco Bauzá a la Academia Nacional de Ciencias de Buenos Aires, Argentina, en la sesión plenaria del 26 de octubre de 2009.

• De Querol, Ricardo (2015). *Karen Armstrong: "Nuestro laicismo está pasado de moda".* Publicado el 20 de junio de 2015 en el diario El País: España, Suplemento Babelia.

• De Querol, Ricardo (2015). *La guerra de Dios en las librerías.* Publicado el 20 de junio de 2015 en el diario El País: España, Suplemento Babelia.

• Dunn, Alice J. y Summerall, Sally S. (2001). *Tesoros hundidos* y el mapa *Tesoros del mundo, perdidos y hallados.* Elaborado por National Geographic Maps: Washington, D. C.

• Duque Macías, Jesús (2002). *La edad de la Tierra: evolución cronológica de una controversia en referencia a sus principales protagonistas.* Enseñanza de las Ciencias de la Tierra: No. 10.2, pp. 151 – 161.

• Fuentes, Vilma (2014). *Presencia y desaparición del mundo maya.* Publicado el 26 de octubre de 2014 en el suplemento La Jornada Semanal: México.

• Gómez Mena, Carolina (2015). *Sufre una enfermedad "huérfana" casi 7% de la población en México.* Publicado el 22 de febrero de 2015 en el diario La Jornada: México, p. 32.

• González Gamio, Ángeles (2014). *Civilizaciones originarias.* Publicado el 9 de febrero de 2014 en el diario La Jornada: México.

• Gutiérrez Mirón, Carlos (2009). *Darwin conserva la razón tras 150 años.* Publicado el 24 de noviembre de 2009 en el diario Milenio: México, p. 30.

• Jarauta, Francisco (2009). *La lección de Claude Lévi-Strauss.* Publicado el 18 de noviembre de 2009 en el diario El País: España, p. 31.

• Jiménez Barca, Antonio (2009). *El anuncio del fallecimiento de Lévi-Strauss conmociona a Francia.* Publicado el 4 de noviembre de 2009 en el diario El País: España, p. 40.

• León Portilla, Miguel (2013). ¿Qué es una civilización originaria? En *Civilizaciones originarias,* Arqueología Mexicana. Edición especial número 53, diciembre de 2013: México.

• Malvido, Adriana (2006). *Palabra de reina.* Fragmento del libro, publicado el 19 de febrero de 2006 en el semanario Proceso: México, p. 80.

• Nobel Wilford, John (2007). *El árbol de la familia humana.* Publicado el 25 de julio de 2007 en el diario El País: España, p. 26.

- Palapa, Fabiola (2014). *Matos Moctezuma recorrió los hallazgos que trascendieron la Arqueología mundial.* Artículo publicado el 9 de febrero de 2014 en el diario La Jornada: México, p. 6a.
- Quammen, David (2004). *¿Estaba equivocado Darwin?* National Geographic: Vol. 15, No. 5, noviembre, pp. 3 – 35.
- Quammen, David (2009). *Primeras pistas de Darwin.* National Geographic: Vol. 24, No. 2, febrero, pp. 2 – 19.
- Reinoso, José (2013). *Un cuento chino de 5.000 años.* Publicado el 13 de julio de 2013 en el diario El País: España, p. 27.
- Ridao, José María (2009). *Academia e imaginación.* Publicado el 4 de noviembre de 2009 en el diario El País: España, p. 40.
- Ridley, Matt (2009). *Los nuevos Darwin.* National Geographic: Vol. 24, No. 2, febrero, pp. 22 – 37.
- Rivera, Alicia (2009). *Los humanos presionan la evolución.* Entrevista con el biólogo Andrew Hendry. Publicado el 13 de mayo de 2009 en el diario El País: España, p. 35.
- Ruiz de Elvira, Malen (2004). *Hallada una especie humana de un metro de altura que vivió hace 18.000 años en Indonesia.* Publicado el 28 de octubre de 2004 en el diario El País: España, p. 28.
- Ruiz de Elvira, Malen (2008). *Que la evolución sea ciega pone nerviosa a mucha gente.* Entrevista al historiador de la ciencia Peter Bowler. Publicado el 5 de marzo de 2008 en el diario El País: España, p. 42.
- Salomone, Mónica (2008). *A las ratas de alcantarilla parece irles muy bien con los humanos.* Entrevista con el paleontólogo Richard Fortey. Publicado el 7 de mayo de 2008 en el diario El País: España.
- Sanz, José Luis (2004). *El universo cumple 6.000 años.* Publicado el 20 de octubre de 2004 en el diario El País: España, p. 31.
- Stix, Gary (2013). Traces of a Distant Past. En: *What makes us human*, Scientific American. Volume 22, Number 1, Winter 2013, pp. 60 – 67.
- Stuart, George E. (2001). *Historia y resultados del desciframiento de la escritura jeroglífica maya.* Arqueología Mexicana, Número 48 (marzo – abril).

- Wade, Nicholas (2006). *La tolerancia a la lactosa en África indica una reciente evolución de la especie humana*. Publicado el 27 de diciembre de 2006 en el diario El País: España, p. 26.
- Weaver, Kenneth (1985). *The search for our ancestors*. National Geographic: Vol. 165, No. 5, November, pp. 560 – 623.

AUDIO Y VIDEO

- Álvarez Valdés, Ariel (2003). AUDIO: *Biblia e historia*. Conferencia descargada en diciembre de 2013.
http://www.ivoox.com/ariel-alvarez-valdes-biblia-e-historia-audios-mp3_rf_288007
- Álvarez Valdés, Ariel (2003). AUDIO: *La última semana de Jesús*. Conferencia descargada en diciembre de 2013.
http://www.ivoox.com/ariel-alvarez-valdes-la-ultima-semana-de-audios-mp3_rf_2891
- Álvarez Valdés, Ariel (2003). AUDIO: *Biblia y evolución*. Conferencia descargada en diciembre de 2013.
http://www.ivoox.com/ariel-alvarez-valdes-biblia-evolucion-audios-mp3_rf_2880468
- Bottinelli, Connie y Warren Weidner (1999). VIDEO: *La maldición de Tutakamon* (The Curse of Tutankhamun). Producido por Discovery Communications, Inc.
- Fairfax, Ferdinand (2005). PELÍCULA: *Egipto, la búsqueda de Tutankhamon*. Escrita por Tony Mulholland. Producida por BBC y France 2.
- Ferroni, Giorgio (1961). PELÍCULA: *La guerra de Troya*. Coproducción Italia-Francia.
- Hattami, Bettina (2005). VIDEO: *La Reina Roja, un misterio maya*. Discovery Network Latin America Iberia.
- Jiménez del Oso, Fernando. AUDIO: *La maldición de Tutankamón*. Canal misterios de Ivoox. Programa La otra realidad.
- Jiménez del Oso, Fernando (1989). VIDEO: *Pakal*. Producciones Culturales, Madrid.
- Johnstone, Gary (2001). VIDEO: *Pompeya, a la sombra del Vesubio*. Producido y dirigido por Gary Johnstone para The Discovery Channel.

- Kurtis, Bill (2004). VIDEO: *La maldición de Tutakamon* (The Curse of King Tut). Producido por Kurtis Productions LTD.
- Piñeiro, Antonio (s/f). AUDIO: *Historia del cristianismo primitivo*. Radio El Vendrell.
- Ragobert, Thierry (2005). VIDEO: *The Bible Unearthed* (En español: *Grandes tesoros de la Arqueología: desenterrar la biblia*). Documental basado en los trabajos de Israel Finkelstein y Neil Asher Siberman. Guion escrito por Thierry Ragobert e Isy Morgensztern.
- Smith, Charlie (2002). VIDEO: *Los soldados de terracota, guerreros de Xi'an* (Secrets of the buried armies). A Cicada Film LTD.

INTERNET

- Bermejo Meléndez, Javier (2013). *Historia de la Arqueología: evolución de la disciplina*. Curso 2012 – 2013, Aula de la Experiencia. Universidad de Huelva.
  www.uhu.es
- Brunet, Michael (2002). *A new hominid from the Upper Miocene of Chad, Central Africa*. Nature 418, 11 de Julio de 2002.
  http://www.nature.com/nature/ancestor/index.htm
- Darwin, Charles (1859). *El origen de las especies*. Libro electrónico publicado por Feedbooks.
  http://es.wikisource.org/wiki/Charles_Darwin
- Díaz Perera, Miguel Ángel (2012). *El fundamento de una nación en el sureste Novohispano: a propósito de Votán, sacerdote fundador de Palenque, (1773 – 1994)*. Revista Liminar, estudios sociales y humanísticos, año 10, Vol. X, núm. 1, junio de 2012: San Cristóbal de las Casas, Chiapás, México. Consultado en octubre de 2014.
  http://www.redalyc.org/articulo.oa?id=74524865011
- Garcia, Blanco Javier (2011). *El español que descubrió Pompeya y Herculano*. Consultado en enero de 2014.
  http://www.planetasapiens.com/?p=4942
- González Cruz, Arnoldo (2000). *La reina roja*. Consultado en noviembre de 2014.

http://www.mesoweb.com/palenque/features/reina_roja/01.html

- Mandujano, Isaín (2011). *Muere Jan de Vos, exjesuita belga convertido en destacado historiador de Chiapas*. Texto publicado el 24 de julio de 2011 en la revista PROCESO, consultado en diciembre de 2014.
  http://www.proceso.com.mx/?p=276917
- Martínez Mendoza, Sarelly (2014). *Fray Pedro Lorenzo de la Nada*. Consultado en noviembre 2014.
  http://www.chiapasparalelo.com/opinion/2014/06/fray-pedro-lorenzo-de-la-nada/
- Mayans, Carmen (sf). *El fabuloso ejército en miniatura del emperador Jing Di*. Historia,National Geographic No. 113. Consultado en enero 2015.
  http://www.nationalgeographic.com.es/articulo/historia/secciones/8274/fabuloso_ejercito_miniatura_del_emperador_jing.html
- Mondragón Jaramillo, Carmen (2012). *A 60 años del hallazgo de la tumba de Pakal. El sueño interrumpido de Pakal el Grande, "el señor de la pirámide"*. Reportajes del INAH. Consultado en octubre de 2014.
  http://www.inah.gob.mx/reportajes/5954-el-sueno-interrumpido-de-pakal-el-grande-el-senor-de-la-piramide
- Nelson, Mark (2002). *The mummy's curse: historical cohort study*. British Medical Journal, BMJ 2002; 325: 1482. Consultado en enero 2015.
  http://www.bmj.com/content/325/7378/1482.full
- O'Neil, Denis. *Overview of Anthropology*. Consultado en noviembre de 2013.
  http://anthro.palomar.edu/intro2/overview.htm
- Portal Ciencia. *Historia de la Geología*. Consultado el 6 de julio de 2010 y tomado de:
  http://www.portalciencia.net/geolohis.html
- Sabatino, Viviana; Lasalle Andrea; Márquez, Silvia (sin fecha). *Teorías de la evolución y el origen de las especies*. Consultado en enero de 2013 y tomado de:
  http://genomasur.com/lecturas/Guia14.htm
- Wikipedia. *Anexo: Emperadores de China*. Consultado en enero de 2015.
  http://es.wikipedia.org/wiki/Anexo:Emperadores_de_China#Dinast.C3.ADa_Qin

- Wikipedia. *Arqueología bíblica*. Consultado en enero de 2014.
  http://es.m.wikipedia.org/wiki/Arqueolog%C3%ADa_b%C3%ADblica
- Wikipedia. *Cultura maya*. Consultado en octubre de 2014.
  http://es.wikipedia.org/wiki/Cultura_maya
- Wikipedia. *Choles*. Consultado en noviembre de 2014.
  http://es.wikipedia.org/wiki/Choles
- Wikipedia. *Davidson Black*. Consultado en abril de 2015.
  http://en.wikipedia.org/wiki/Davidson_Black
- Wikipedia. *Edward BurnettTylor*. Consultado en enero de 2014.
  http://en.wikipedia.org/wiki/Edward_Burnett_Tylor
- Wikipedia. *Emperor Jing of Han*. Consultado en enero de 2015.
  http://en.wikipedia.org/wiki/Emperor_Jing_of_Han
- Wikipedia. *Ferdinando Cospi*. Consultado en enero de 2014.
  http://en.m.wikipedia.org/wiki/Ferdinando_Cospi
- Wikipedia. *George Fletcher Bass*. Consultado en julio de 2014.
  http://es.wikipedia.org/wiki/George_Bass_(arque%C3%B3logo)
- Wikipedia. *George Herbert de Carnarvon*. Consultado en enero de 2015.
  http://es.wikipedia.org/wiki/Gueorge_Herbert_de_Carnarvon
- Wikipedia. *Guerreros de terracota*. Consultado en enero de 2014.
  http://es.wikipedia.org/wiki/Guerreros_de_terracota
- Wikipedia. *Historia de China*. Consultado en noviembre de 2014.
  http://es.wikipedia.org/wiki/Historia_de_China
- Wikipedia. *History of archaeology*. Consultado en julio de 2013.
  http://en.wikipedia.org/wiki/Archaeology
- Wikipedia. *Howard Carter*. Consultado en diciembre de 2014.
  http://en.wikipedia.org/wiki/Howard_Carter
- Wikipedia. *Innu*. Consultado en febrero de 2015.
  http://es.wikiopedia.org/wiki/Innu

- Wikipedia. *Jaques Marquette*. Consultado en enero de 2015.
  http://es.wikipedia.org/wiki/Jaques_Marquette
- Wikipedia. *Jean-Francois Champollion*. Consultado en diciembre de 2013.
  http://es.m.wikipedia.org/wiki/Jean-Fran%C3%A7ois_Champollion
- Wikipedia. *Johann Joachim Winckelmann*. Consultado en enero de 2014.
  http://es.m.wikiopedia.org/wiki/
- Wikipedia. *Joseph Francois Lafitau*. Consultado en enero de 2015.
  http://es.wikiopedia.org/wiki/Joseph_Fran%C3%A7ois_Lafitau
- Wikipedia. *Leonard Woolley*. Consultado en enero de 2014.
  http://es.wikipedia.org/wiki/Leonard_Woolley
- Wikipedia. *Lewis Henry Morgan*. Consultado en enero de 2014.
  http://en.wikipedia.org/wiki/Lewis_Hnery_Morgan
- Wikipedia. *Maldición del faraón*. Consultado en enero de 2015.
  http://es.wikipedia.org/wiki/Maldici%C3%B3n_del_fara%C3%B3n
- Wikipedia. *Mel Fisher*. Consultado en julio de 2014.
  http://en.wikipedia.org/wiki/Mel_Fisher
- Wikipedia. *Ole Worm*. Consultado en enero de 2014.
  http://en.m.wikipedia.org/wiki/Ole_Worm
- Wikipedia. *Orden de predicadores*. Consultado en noviembre de 2014.
  http://es.wikipedia.org/wiki/Orden_de_Predicadores
- Wikipedia. *Our Lady of Atocha (Nuestra Señora de Atocha)*. Consultado en julio de 2014.
  http://en.wikipedia.org/wiki/Nuestra_Se%C3%B1ora_de_Atocha
- Wikipedia. *Paul Le Jeune*. Consultado en enero de 2015.
  http://es.wikiopedia.org/wiki/Paul_Le_Jeune
- Wikipedia. *Palenque (zona arqueológica)*. Consultado en octubre de 2014.
  http://es.wikipedia.org/wiki/Palenque_(zona_arqueol%C3%B3gica)

- Wikipedia. *Piedra de Rosetta*. Consultado en diciembre de 2013.
  http://es.m.wikipedia.org/Puedra_de_Rosetta
- Wikipedia. *Pliopithecus*. Consultado en febrero de 2015.
  http://es.wikipedia.org/wiki/Pliopithecus
- Wikipedia. *Tutankamón*. Consultado en diciembre de 2014.
  http://es.m.wikipedia.org/wiki/Tutankam%C3%B3n

EXPOSICIONES

- Darwin, apto para todas las especies. Junio – Septiembre de 2014, Antiguo Colegio de San Idelfonso, Ciudad de México.
- Cosmonauta de Valentina Taom. Agosto – Octubre 2016, Museo de la Ciudad de Querétaro.

ORIGEN DE LAS IMÁGENES

Todas las imágenes fueron tomadas a partir de licencias de libre acceso: *Creative Commons*.

https://creativecommons.org

Las imágenes son de dominio público y no están sujetas a derechos de autor.

Para la Licencia de Pixabay: Simplified Pixabay License
https://pixabay.com/es/service/license/

Imagen 1: James Ussher.

Leipzig University Library, 2015. *Abgebildete Person: Ussher, James*. Creative Commons Public Domain mark 1.0.
URL: https://www.flickr.com/photos/ubleipzig/16427301464/in/photolist-6MvhFh-oeUBXJ-779mdD-oteUc5-6ZxKvC-ouXan5-ow9DN4-odctNq-rYxNi5-xoSSo3-oeKhzc-r2CdpA-ouXrkN-otaDe4

Imagen 2: Planeta Tierra.

Wikimages. *Earth*. Simplified Pixabay License.
URL:
https://pixabay.com/es/tierra-planeta-azul-globo-planeta-11015/

Imagen 3: Charles Darwin.

Wikimages. *Charles Robert Darwin*. Simplified Pixabay License.
URL:
https://pixabay.com/es/charles-robert-darwin-cient%C3%ADficos-62911/

Imagen 4: Zorros.

Art Tower. *Zorros cachorros*. Simplified Pixabay License.
URL:
https://pixabay.com/es/photos/zorro-cachorros-linda-zorro-rojo-3707653/

Imagen 5: Agricultura.

Pete Linforth. *Campo cosecha*. Simplified Pixabay License.
URL:

Imagen 6: Lagarto fósil.

Public Domain Pictures. *Dinosaurio lagarto*. Simplified Pixabay License.
URL:

Imagen 7: Gregor Mendel.

American breeders magazine, 1910. *Plant breeding*. Digitalizado por UMass Amherst Libraries. Sin restricciones de derechos de autor.
URL:

Imagen 8: Chícharos o guisantes.

Sue Lee. *Guisantes*. Simplified Pixabay License.
URL:

Imagen 9: Genética.

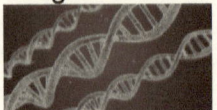

Arek Socha. *ADN cadena*. Simplified Pixabay License.
URL:
https://pixabay.com/es/adn-cadena-la-biolog%C3%ADa-3d-1811955/

Imagen 10: Paleontología.

Etienne Mahler. *Sin título*. Dominio público.
URL:
https://www.flickr.com/photos/149521109@N03/31418298106/in/photolis
t-27Y7YqA-ouDnfj-PSjZqW-odbhz4-ouoJVH-owqKvB-ouoMP8-odcgyT-
ouDdJw-odb4JL-ovxhDV-drqbsa-drqnbA-tp5LDX-odb6kb-drqbmT-
drqnsY-drqnob-odckS2-chHjA5-DHvbUm-bUHjTP-chHiCy-bUHjBF-
cc5z3J-w856yi-bo5XMU-chHk1d-chHkgy-chHmaA-wGqpAQ-x28JXN-
27tGtWD-w7PSwe-tFrDix-xfbwH3-sJrBWJ-x7xDnF-x6eHhY-x9y3qH-
xSM4ed-x2FkT1-w7DDSh-wGj4F1-tL8xEQ-sJrCE7-odbqtE-drqc56-
chHmA9-chHk6q

Imagen 11: Fósil.

Public Domain Pictures. *Shell*. Simplified Pixabay License.
URL:
https://pixabay.com/es/shell-f%C3%B3siles-antigua-piedra-219665/

Imagen 12: *Australopithecus afarensis*.

Sinc, 2010. *Australopithecus afarensis*. Cosmocaixa de Barcelona.
Noticias de *Fundación Española para la Ciencia y la Tecnología*.
Creative Commons 4.0.

URL:
https://www.agenciasinc.es/Noticias/Dedos-fosiles-para-explicar-la-conducta-de-los-ancestros

Imagen 13: Cráneo Neandertal.

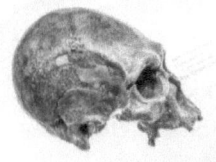

Josch Notle. *Cráneo*. Simplified Pixabay License.
URL:
https://pixabay.com/es/cr%C3%A1neo-la-cabeza-esqueleto-3960791/

Imagen 14: Grupo de Neandertales.

Simplified Pixabay License.
URL:
https://pixabay.com/es/neandertales-prehist%C3%B3rico-monta%C3%B1as-96507/

Imagen 15: *Homo erectus.*

Mohamed Noor. *Homo erectus*. Simplified Pixabay License.
URL:
https://pixabay.com/es/homo-erectus-cr%C3%A1neo-ancestro-2242425/

Imagen 16: Chrles Lyell.

Robert Cassels. *Lyell, Charles, Sir 1797-1875*. Archives of the Law Society of Ontario. Sin restricciones de derechos de autor. URL:
https://www.flickr.com/photos/lsuc_archives/30848618396/in/photolist-
NZZeuY-ouEZUD-hLS6WT-hRNzSm-hMTvnU-i9QRLi-hVPNSR-
hN5MLa-hToFGS-hQiWCd-hNsfp1-hM7uiB-hN3b83-hQroNW-hMNzSW-
hYg9cT-hYLFJw-hMeuHT-i7gkze-hLq3RW-hQuYUU-hQqawp-hLxdpk-
hN62Dw-hN6eSm-hQjqAV-hSzVrQ-hMVduv-idCoBt-hQrQru-hMdm8s-
hMUuZB-hLRkNS-hMZLsS-hLyHTu-hQ9pih-hLqpDs-hN37mp-hMXkiz-
idvL26-idzpUJ-hMyKRv-hMrhx4-hSJmuu-i7MKzM-hN5nxo-hQ8TXG-
hVLNyn-hSKWzJ-hQkXtX

Imagen 17: Altamira.

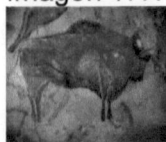

Janeb 13. *Bisonte*. Simplified Pixabay License. URL:
https://pixabay.com/es/bisonte-altamira-cueva-1171794/

Imagen 18: Caballo de Troya.

Brian Neises. *Caballo de Troya*. Simplified Pixabay License. URL:
https://pixabay.com/es/photos/caballo-de-troya-troya-troyano-607574/

Imagen 19: Escaleras en Jericó, Palestina.

Heather Truett. *Jericó*. Simplified Pixabay License. URL:

https://pixabay.com/es/photos/escaleras-jericho-piedra-palestina-556026/

Imagen 20: Desierto de Masada, Israel.

Heather Truett. *Masada*. Simplified Pixabay License.
URL:
https://pixabay.com/es/photos/masada-desierto-israel-piedra-556123/

Imagen 21: Howard Carter.

Akhenatenator. *Howard Carter*. Museu Egipci. Dominio público.
URL:
https://www.flickr.com/photos/86012097@N08/21920311719/in/photolist-zp2jYX-a9xeGD-dUmkZL-odcH8t-ouPava-osPQb7-ow7KbW-ouQ8Bi-owMckH-wNTp3q-pJ2cGg-zbKuFg-owyjrT-ouCCWo-odvmd8-odwPgp-oyfR98-ouzhVe-dUfFwn-ouJWX8-oeWvur-oeV5L2-tn5spx-oycgVv-odqN8A-ocAfoC-otTaA8-odnGK7-ow9ZEP-odexoW-owv4P4-ouhouQ-dUmjzq-oufhLe-od7he2-zLsKHJ-oePw1T-odsbCc-ouUNfj-24ptvZE-24ptwpN-27aaFjZ-24ptvaU-MCMuJC-MA1chL-MXdf3g-MCy58u-M5xyU4-MZ5AjN-MA1gsE

Imagen 22: Tutankhamon.

Mh-grafik. *Tutankamon*. Simplified Pixabay License.
URL:
https://pixabay.com/es/Tutankamón-847355/

Imagen 23: Guerreros de terracota, China.

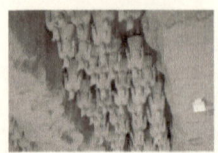

Squirrel_photos. *China Xian Terracota*. Simplified Pixabay License.
URL:
https://pixabay.com/es/photos/china-xian-terracota-guerreros-3999974/

Imagen 24: Palenque en medio de la selva.

Martín Mariano Hernández Tena. *Palenque*. Simplified Pixabay License.
URL:
https://pixabay.com/es/palenque-prehisp%C3%A1nica-maya-ruinas-1150712/

Imagen 25: Guerrero maya.

Dezalb. *Palenque museo*. Simplified Pixabay License.
URL:
https://pixabay.com/es/m%C3%A9xico-palenque-museo-guerrero-1315850/

Imagen 26: Museo de historia, México.

Miguel A. Padriñán. *México museo historia*. Simplified Pixabay License.
URL:
https://pixabay.com/es/photos/antiguo-m%C3%A9xico-museo-historia-3774993/

Imagen 27: Glifos mayas.

Dezalb. *Museo glifos mayas*. Simplified Pixabay License.
URL:
https://pixabay.com/es/palenque-museo-glifos-mayas-1315851/

Imagen 28: Templos en Palenque.

Aline Dassel. *México Unesco patrimonio maya*. Simplified Pixabay License.
URL:
https://pixabay.com/es/m%C3%A9xico-unesco-patrimonio-maya-851386/

Imagen Portada Composición hecha a partir de Hunting Woolly Mammoth.

Wikipedia, 2016. Cazando al mamut lanudo. Attribution-Share Alike 4.0 International (CCBY-SA 4.0).

URL:

https://en.wikipedia.org/wiki/File:Hunting_Woolly_Mammoth.jpg